宁夏大学优秀学术著作出版基金资助

滩 羊 选 育 与 生 产

主 编

孙占鹏

（宁夏大学农学院）

副主编

任德新　张鑫荣

（宁夏盐池滩羊选育场）

编著者

杨凤宝　崔宝国　刘 云

（宁夏盐池滩羊选育场）

王绿叶　张守元　赵金宇

（宁夏盐池滩羊选育场）

杨 奇　杨培企　牛文志

（宁夏农牧厅畜牧站）

金盾出版社

内 容 提 要

　　本书由宁夏大学孙占鹏教授等编写。内容包括：概述，滩羊的生存环境，滩羊的品种特征和生长发育特点，滩羊的主要产品，滩羊的繁殖，滩羊的选育，滩羊的饲养管理，滩羊常见病的防治等。本书较为全面、系统地汇集了滩羊的生产与选育的研究成果和实用技术。本书可供滩羊饲养场、专业户以及农业院校相关专业的师生阅读参考。

图书在版编目(CIP)数据

　　滩羊选育与生产/孙占鹏主编 . -- 北京：金盾出版社,2011.9
ISBN 978-7-5082-7101-9

　　Ⅰ.①滩… Ⅱ.①孙… Ⅲ.①滩羊—饲养管理 Ⅳ.①S826.8

　　中国版本图书馆 CIP 数据核字(2011)第 155702 号

金盾出版社出版、总发行
北京太平路 5 号(地铁万寿路站往南)
邮政编码:100036 电话:68214039 83219215
传真:68276683 网址:www.jdcbs.cn
封面印刷:北京印刷一厂
黑白印刷:北京华正印刷厂
装订:北京华正印刷厂
各地新华书店经销
开本:850×1168 1/32 印张:6.75 字数:163 千字
2012 年 6 月第 1 版第 3 次印刷
印数:8 001～12 000 册 定价:13.00 元

作者简介

孙占鹏，男，宁夏大学农学院教授，硕士生导师。中国畜牧兽医学会养羊学分会常务理事。自1976年毕业留校工作至今一直从事"羊生产"教学和科研工作。1994年获甘肃农业大学硕士学位。2000年7月至2002年5月以访问学者身份赴美国俄亥俄州大学参加国际农业培训项目。2007年9月至2008年5月以访问学者身份赴新西兰林肯大学留学深造。主编专著2部，参编教材和专著4部，发表论文30多篇，获得专利1项，获得优秀教学质量奖2次。

前　言

　　滩羊是我国特有的裘皮用绵羊品种,以盛产二毛裘皮驰名中外。所产的二毛裘皮毛色洁白、光泽如玉,弯曲整齐,花穗美观,轻柔保暖,久穿不毡结,宜做长短皮衣、披肩、衣领、围巾、皮褥、床套、沙发垫和皮帽等用品;滩羊肉肉质细嫩,脂肪分布均匀,无膻味,熟肉率高,肉味独特、鲜美,是火锅涮羊肉的名贵原料,具有独特的保健作用,经常食用可以增强体质,使人精力充沛,延年益寿。尤其是滩羊二毛羔羊肉具有瘦肉多、肌肉纤维细嫩、脂肪少、无膻味、味美多汁、容易消化和富有保健作用等特点;滩羊毛虽属粗毛类型,但毛纤维细长均匀,且具有自然弯曲,富有光泽和弹性,是制作提花毛毯的最佳原料。用滩羊毛制作的提花毛毯,其底绒丰满,水纹整齐,手感柔软,弹性强,光泽好,色泽协调,经久耐用,畅销国内外市场,深受国内外人们的喜爱。

　　滩羊经过产区 30 多年的选育,各项生产性能尤其是二毛裘皮品质有较大提高。我国著名养羊专家赵有璋教授把滩羊称为"中国的国宝",也是我国政府禁止出境的羊品种之一。滩羊的遗传性稳定,是我国特有的裘皮羊品种。目前,滩羊生产还是以千家万户分散饲养为主体,集约化程度较低。大力推广普及先进实用技术,迅速提高滩羊科学饲养水平,是促进滩羊产业化发展的重要环节。

《滩羊选育与生产》一书，从生产实际出发，将生产、科研和教学紧密结合在一起，总结了滩羊生产、滩羊原种场以及滩羊产区 30 多年的生产实践经验和选育经验，吸收了国内有关专家、教授和科研人员 30 多年的基础研究和应用研究成果，其目的是为读者和研究者了解已研究过的内容和取得的成果，避免重复研究。该书较为全面、系统和详细地汇集了现代滩羊生产的实用技术。全书共分八章，通俗易懂，实用性强。相信该书的出版，必将成为滩羊产区乃至全国广大畜牧工作者、动物饲养场、专业户及农业院校师生等不同层次读者的参考书。

　　本书由孙占鹏主编，并负责全书的统稿、定稿工作。由副主编任德新等 12 人共同完成了该书的编写。在本书的编写过程中得到了李会菊同志积极热情的帮助，在此特致谢意。

　　由于编者水平所限，不足和错误之处在所难免，恳请读者批评指正。

编著者

目　录

第一章　概述 ……………………………………………… (1)

一、发展滩羊的意义 ……………………………………… (1)

二、滩羊品种的形成 ……………………………………… (2)

（一）特殊的自然生态条件 ……………………………… (4)

（二）劳动人民长期的精心选择 ………………………… (5)

（三）社会的需要加速滩羊品种的形成和发展………… (6)

三、滩羊的发展与调查研究概况 ………………………… (7)

四、我国滩羊发展所面临的形势………………………… (15)

（一）我国滩羊所面临的主要问题和挑战……………… (15)

（二）我国滩羊发展的任务 ……………………………… (16)

第二章　滩羊的生存环境 ………………………………… (17)

一、滩羊的分布 …………………………………………… (17)

二、滩羊产地的自然概况 ………………………………… (18)

（一）地理特点 …………………………………………… (18)

（二）气候特点 …………………………………………… (18)

（三）土壤特点 …………………………………………… (19)

三、滩羊分布区的草原类别 ……………………………… (22)

（一）温暖干旱（淡灰钙土，半荒漠）类 ……………… (23)

（二）微温干旱（灰钙土、棕钙土，半荒漠）类 ……… (25)

（三）微温微干（栗钙土、淡黑垆土，典型草原）类 … (27)

（四）微温微润（黑垆土，草甸草原）类 ……………… (28)

四、滩羊的生态地理区 …………………………………… (30)

第三章　滩羊的品种特征和生长发育特点 ……………… (32)

一、形态特征及生产性能………………………………… (32)

（一）体型外貌 …………………………………………（32）

（二）生产性能 …………………………………………（33）

二、生长发育特点 …………………………………………（38）

（一）滩羊胚胎期皮肤生长及毛纤维发生 …………（38）

（二）滩羊胎儿的生长发育 …………………………（41）

（三）滩羊胎儿期间羊毛的生长 ……………………（46）

（四）滩羊出生后生长发育 …………………………（48）

三、滩羊十三项生理常值 …………………………………（56）

（一）呼吸、心率、瘤胃运动、体温测定结果 …………（56）

（二）滩羊的红细胞数、血红蛋白量、红细胞压积测定

结果 …………………………………………………（56）

（三）滩羊的血沉、凝血时间、红细胞渗透抵抗力测定

结果 …………………………………………………（57）

（四）滩羊的血小板、白细胞数的测定结果 …………（57）

（五）滩羊的白细胞分类测定结果 …………………（57）

第四章　滩羊的主要产品 …………………………………（58）

一、滩羊皮 …………………………………………………（58）

（一）滩羊二毛裘皮和羔皮 …………………………（58）

（二）甩头 ………………………………………………（66）

（三）老羊皮 ……………………………………………（67）

二、滩羊肉及羊奶 …………………………………………（67）

三、滩羊毛 …………………………………………………（73）

（一）产毛量 ……………………………………………（73）

（二）被毛结构和成分 …………………………………（74）

（三）羊毛的物理特性 …………………………………（76）

（四）纤维表面形乳及化学组成 ……………………（81）

四、滩羊二毛皮花穗的分类方法 …………………………（84）

（一）花穗的概念 ………………………………………（84）

（二）花形与毛型 ……………………………………（85）

（三）花穗的分类 ……………………………………（86）

五、影响二毛皮品质和老羊皮品质的因素 ……………（87）

（一）遗传因素 ………………………………………（87）

（二）自然生态条件 …………………………………（87）

（三）饲养管理 ………………………………………（88）

（四）产羔季节 ………………………………………（88）

（五）屠宰年龄 ………………………………………（89）

（六）贮存、晾晒和保管 ……………………………（89）

第五章　滩羊的繁殖 ……………………………………（91）

一、性成熟和初配年龄 …………………………………（91）

二、发情 …………………………………………………（92）

三、配种 …………………………………………………（92）

（一）配种方法 ………………………………………（93）

（二）配种时期的选择 ………………………………（95）

（三）人工授精的组织和技术 ………………………（96）

（四）滩羊精液冷冻、同期发情和受精卵移植技术的

应用 ……………………………………………（102）

四、妊娠 …………………………………………………（107）

五、产羔 …………………………………………………（108）

（一）接羔 ……………………………………………（108）

（二）羔羊的护理 ……………………………………（109）

六、滩羊产羔期不同的比较 ……………………………（110）

（一）产羔期不同对母羊的影响 ……………………（110）

（二）产羔期不同对羔羊的影响 ……………………（111）

（三）冬羔和春羔二毛皮品质的比较 ………………（112）

第六章　滩羊的选育 ……………………………………（114）

一、选种 …………………………………………………（114）

（一）羔羊的选择……………………………………（115）

（二）成年羊的选择…………………………………（119）

（三）滩羊的品种标准………………………………（122）

二、选配……………………………………………………（130）

三、滩羊选育成就和研究进展……………………………（131）

（一）滩羊选育和研究进展…………………………（131）

（二）滩羊选育和研究成就…………………………（134）

四、滩羊生产、选育、发展和研究的方向………………（140）

第七章　滩羊的饲养管理…………………………………（141）

一、滩羊的生物学特性……………………………………（141）

二、滩羊的营养需要………………………………………（142）

（一）滩羊需要的主要营养物质……………………（142）

（二）维持需要………………………………………（146）

（三）生产需要………………………………………（146）

三、滩羊各类羊的饲养方法………………………………（150）

（一）种公羊的饲养管理……………………………（150）

（二）繁殖母羊的饲养管理…………………………（152）

（三）羔羊的饲养管理………………………………（154）

（四）育成羊的饲养管理……………………………（156）

四、放牧……………………………………………………（157）

（一）滩羊放牧行为及采食量………………………（158）

（二）滩羊的放牧技术………………………………（160）

（三）草场的放牧利用方式…………………………（163）

（四）四季放牧技术要点……………………………（164）

五、滩羊的舍饲……………………………………………（166）

（一）舍饲羊的圈舍及配套设备建设………………（166）

（二）选择优良种群…………………………………（168）

（三）饲草饲料条件…………………………………（168）

（四）饲养管理技术…………………………………（169）

（五）繁殖技术……………………………………（170）

（六）疾病防治技术………………………………（171）

六、滩羊的肥育……………………………………（173）

（一）滩羊羔羊肥育………………………………（173）

（二）滩羊老母羊的肥育…………………………（173）

七、滩羊的日常管理技术…………………………（174）

（一）羊群的组成和周转…………………………（174）

（二）养的编号……………………………………（175）

（三）羔羊去势……………………………………（175）

（四）剪毛…………………………………………（176）

（五）药浴…………………………………………（178）

（六）驱虫…………………………………………（179）

第八章　滩羊常见病的防治………………………（180）

一、常见传染病……………………………………（180）

（一）羊炭疽………………………………………（180）

（二）布鲁氏菌病…………………………………（181）

（三）羔羊痢疾……………………………………（182）

（四）羊肠毒血症…………………………………（183）

（五）羊快疫………………………………………（184）

（六）羊猝疽………………………………………（185）

（七）羊链球菌病…………………………………（185）

（八）口蹄疫………………………………………（186）

（九）羊痘（痘病）………………………………（187）

（十）羊传染性脓疱口膜炎（羊口疮）…………（188）

（十一）羔羊大肠杆菌病…………………………（189）

二、常见寄生虫病…………………………………（190）

（一）羊肝片吸虫病………………………………（190）

（二）羊脑多头蚴病……………………………………（191）

（三）螨病（疥癣）………………………………………（192）

（四）羊鼻蝇幼虫病……………………………………（192）

三、常见普通病 …………………………………………（193）

（一）前胃弛缓…………………………………………（193）

（二）瘤胃积食…………………………………………（194）

（三）瘤胃臌气…………………………………………（195）

（四）胃肠炎……………………………………………（195）

（五）尿结石……………………………………………（196）

（六）急性支气管炎……………………………………（197）

（七）支气管肺炎………………………………………（198）

（八）羔羊白肌病………………………………………（199）

（九）有机磷中毒………………………………………（200）

参考文献…………………………………………………（201）

第一章 概 述

一、发展滩羊的意义

滩羊是我国特有的轻裘皮绵羊品种。据古志记载,滩羊是由蒙古羊经长期的自然选择和人工选择而形成的一个长脂尾、粗毛型裘皮羊品种。主要分布于宁夏中部和北部的 14 个市、县以及毗邻的甘肃靖远、景泰、环县,陕西的定边,内蒙古自治区鄂尔多斯市鄂托克旗等部分地区,其中黄河以西,贺兰山东麓的平罗、贺兰和银川市等地区产的二毛皮品质最好。在自然交配情况下,贺兰山东麓的洪广、金山、南梁一带滩羊在二毛期活重较轻,仅 6.00 千克。但肩部毛股弯曲数较多,且多为"串字花",优良花穗分布面积较大。贺兰山西麓、中卫、盐池、同心一带滩羊二毛毛股弯曲数较少,多为软大花,优良花穗分布面积较小,但二毛期活重较高。在人工授精群里,二毛花穗品质显著提高,优良的"串字花"类型比例增加,占 50%以上,最高达 88.33%,"软大花"类型和不规则比例大大减少,肩部毛股弯曲数明显增加,平均 4.69 个,最高达 5.57 个。

滩羊毛虽属粗毛类型,但毛纤维细长均匀,具有自然弯曲,富有光泽和弹性,是制作我国传统出口的提花毛毯和地毯的优质原料。20 世纪 70 年代,宁夏银川毛纺厂每年用滩羊毛生产近 10 万条"天鹅牌"提花毛毯,其底绒丰满,水纹整齐,手感柔软,弹性强,光泽好,色泽协调均匀,经久耐用,畅销国内外市场,深受国内外消费者的喜爱。

滩羊肉的肌纤维细,肉质细嫩,肉脂混生,脂肪分布均匀,呈大理石状,无膻腥味,肉质鲜美,熟肉率高,咀嚼性和口感好,在羊肉品尝中公认品质最好,是火锅涮羊肉的名贵原料。尤其是稍加催肥而宰剥二毛皮后的羔羊肉，更是鲜美多汁，别有风味，为羔羊肉中上品，深受人们的喜爱。滩羊肉除供产区回、汉人民食用外，尚销售到北京、上海、青岛、广州等地，并向阿拉伯国家出口，在国内外市场上信誉很高。

由此可见，滩羊是我国特有的裘皮羊品种，所产二毛皮以花穗美观、颜色洁白、轻暖耐用而驰名中外；滩羊毛纤维细长、均匀、富有光泽和弹性，是我国传统出口的提花毛毯和地毯的最佳原料；滩羊肉味美而无膻腥味，特别是滩羊耐粗放饲养管理，主要放牧在半荒漠草原上。因此，保持滩羊这一珍贵品种，大力发展其数量，提高质量，对改善人民生活，增加牧民收入，为国内外市场提供优质二毛皮、滩羊肉和提花毛毯等优质产品，加速经济建设具有重要意义。

二、滩羊品种的形成

滩羊以生产洁白、轻暖、美观、耐用的二毛裘皮著称。滩羊毛是制造提花毛毯的最佳原料，滩羊肉肉质细嫩，脂肪分布均匀，无膻腥味，为羊肉中品质最好。滩羊的这些优良特征，不仅是自然选择的结果，更重要的是人类社会经济发展的产物。因此，了解滩羊的形成和发展条件，对于旨在合理地保护、利用和发展这一名贵资源，具有重要的现实意义。

宁夏位于我国西北边陲，历史上为我国西北方各民族反复争夺之地。宁夏历史上的民族变迁相当复杂，从地理位置看，宁夏和内蒙古接壤，在早年宁夏周围都是蒙古羊的分布区域，至今所知没有资料报道类似滩羊品种可供引入。早年在边界地区，两省牧民历来交叉放牧。从现在滩羊成年羊的外貌、体型和生活习性来看，滩羊和蒙古羊虽有一定差别，但也有许多类似之处，如都属异质毛型粗毛羊，被毛有长毛辫毛股结构组成，长脂尾，体躯毛色纯白而头部及四肢下部有异色，公羊有螺旋形大角，母羊多数无角或仅有小角，适于干旱荒漠草原群牧饲养等。在滩羊和蒙古羊的过渡地带，羊只各种性状也呈现过渡性特征。由此推断,可认为滩羊是历史上分布在宁夏的蒙古羊,在当地特定的自然生态条件影响下,经产区劳动人民长期精心选育而形成了主要产品不同于蒙古羊的滩羊。

古代的宁夏,"地广人稀,逐水草牧畜",秦、汉以后,随着汉民族移入及黄河水利的开发,农业逐渐发展,但直至明朝,仍以畜牧业为主。马、牛、羊、驼、骡、猪各种家畜都有。因此,宁夏人民不仅"事畜牧"、"尚畜牧",而且"善畜牧"。驰名中外的两个独特的轻裘皮用品种——滩羊和中卫山羊,都在宁夏育成。

经考证,清代以前的史书中,关于滩羊的记述却几乎没有。追溯古籍,滩羊至少有300多年历史,清·乾隆二十年(公元1755年)《银川小志》记载,"宁夏各州,俱产羊皮,灵州出长毛穗(禾遂),狐皮亦随处多产"。这里的"禾遂"不同于"穗","有禾采之貌",形容其美观漂亮之意。"长毛麦穗"是当时人们对滩羊花穗的形象称呼,正如产区人民和养羊行业内人士把滩羊花穗叫做"麦穗花"、"萝卜丝花"、"绿豆丝花"一样,也就是今天所说的"串字花"之类。由此可见,早在乾隆时期以前,不仅有了滩羊,而且有了花穗的名称。

乾隆四十五年左右,滩羊裘皮已成为宁夏名产之一。《宁夏府志》(乾隆四十五年,公元1780年)写道:"中卫、灵州、平罗,地近边,畜牧之利尤广"。并把"香山之羊皮"与夏朔之稻、灵之盐、宁安之枸杞,并列为宁夏当时"最富著"的四大物产之一。在社会风俗中记有"衣布褐、冬羊裘、近世中家以上,多袭纨绮,女服尤竟鲜饰"。既然"衣布褐""袭纨绮"、"竟鲜饰",讲究穿戴,那么,"冬羊裘"不是指类似蒙古羊的老羊皮(重裘),而是指具有"长毛麦禾遂"花的二毛皮(轻裘)而言。否则,"香山之羊皮"也就没有必要列为"物产最富著者"之中。

到清末,滩羊裘皮已成为我国裘皮之冠。光绪三十四年出的《甘肃新通志》说:"裘,宁夏特佳",《朔方道志》写道:裘,羊皮狐皮皆可作裘,而洪广(注)的羊皮最佳,俗称"滩皮"。将滩羊裘皮与狐裘相提并论，滩羊皮在人们心目中的地位可见一斑。

另外，从滩羊毛制品的变化情况，也可间接地反映滩羊品种的形成过程。

宁夏养羊历史悠久，羊毛加工工业发展很早。羊毛利用方向，最初用于制毡。《新唐书》记载，宁夏周围的夏州、宥州士贡都贵毡，灵州的吉莫靴鞹毡。作为士贡，其后滩羊毛主要用于织栽绒和花毯。《银川小志》称："夏人善织栽绒、床毯、椅褥等物，粗细不一，其精者花样颜色各种俱备，画图与之，亦可照图，假以尺计，亦甚昂"。清·雍正六年至乾隆元年（1728—1736 年）编的《甘肃通志》说："花毯，宁夏出者佳"，"花毯，宁夏特佳"。花毯质量由"佳"到"特佳"，与加工工艺有关，亦与加工原料——羊毛品质的提高有关。花毯最主要的品质表现在光泽、弹性、手感和色泽几方面，花毯要求的这种羊毛品质，也正是滩羊裘皮所求，并赖以存在的基础和前提。因此，滩羊毛利用方向（裘→栽绒→花毯）的转变过程，反映了羊毛品质的变化过程，羊毛适于织造花毯的程度，就间接反映了滩羊向裘皮用方向转变的程度。据此，可认为滩羊作为一个轻裘皮用品种，至少在清·乾隆时期以前，就已经形成了。

滩羊品种的形成是在自然选择、人工选择及其相互作用下，羊只经变异、选择、适应、进化而逐渐形成的。其主要因素为：

（一）特殊的自然生态条件

滩羊产区的自然生态条件最大特点是：①年日照长，热量资源丰富。产区年日照时数为 2180～3390 小时，太阳辐射能达 35.37 千焦/厘米^2，日照率 50%～80%，≥10℃ 年活动积温达 2700℃～3300℃，年平均气温 7.52℃±0.71℃，夏季中午炎热，早晚凉爽，冬季较长，昼夜温差较大，有利于牧草营养物质积累。②气候干旱，降水量少，蒸发量大。产区年降水量一般为 200～400 毫米，多集中在 7～9 月份，年蒸发量 1800～2400 毫米，为降水量的 8～10 倍。③草原以荒漠草原、干旱草原为主，主要牧草为耐旱的小半灌木、短花针茅、小禾草及豆科、菊科、藜科等植物较多，产草量低，但牧草中干物质含量高，尤其是牧草蛋白质和硫、磷、钙等矿物质含量丰富。而粗纤维含量却偏低，饲用价值较高。天然牧草季节供应极不平衡，一年中羊只要耐受半年极端困难的枯草期。④土壤以灰钙土、淡灰钙土为主，一般土层较薄，有机质含量少，矿物质丰富，低洼地盐碱化普遍，水土中主要含碳酸盐、硫酸盐、氯化物和硫、磷、钙等矿物质，故水质矿化度较高而偏碱性。上述自然环境条件决定了当地适宜发展裘皮用羊，更适合体格中等、粗毛较细长、绒毛含量较少、毛辫毛股结构较紧的脂尾型羊只繁育。这种环境生存的羊，被毛的羊毛品质易于形成波浪形弯曲，而成为轻裘皮用类型。研究表明，二毛羔羊中"串字花"类型羊的比例，毛股弯曲数、优良花穗分布面积等均与年平均气温≥10℃年积温及气温年较差间存在着非常显著的正相关关系（P＜0.01），而与年降水量则呈显著的负相关（P＜0.05）。充分表明，宁夏独特的生态条件是滩羊形成的基础和前提。

（二）劳动人民长期的精心选择

《明统一志》载："宁夏土人善畜牧"，"以耕猎为事，孳畜为生"。他们为了提高羊只的繁殖成活率和羔羊抗寒能力，非常重视选择抓膘快、保膘好、母性强、奶水多的母羊所生羔羊，羔羊初生体格大，胎毛长的留种。滩羊的宰羔习惯也是当地人民从当时生产水平出发，顺应自然规律，做出的最好选择，即在滩羊奶羔前期，正是春季天然草场上储草量很少的时期，如果母羊生一个留一个，有的羔羊就势必缺奶而饿死，甚至将母羊拖死。为了保住大羊，又能从羔羊上获得最大的经济效益，从而总结出了宰二毛的经验。滩羊产区冬天天冷，冬季又长，人们客观上需要穿皮袄防寒，自然对二毛皮质量的选择给以充分注意。在长期的养育实践中，产区人民不断积累了极其丰富的选育和繁育羊只的经验。这是滩羊品质形成的社会条件和技术条件。

（三）社会的需要加速滩羊品种的形成和发展

人们需要保暖，轻便、花穗美观的优质皮衣，皮衣加工手工业者必然对加工原料提出质量要求，这种要求通过商业收购由经济价值规律来体现。据宁夏农业科学研究所、宁夏畜牧局等单位1959年调查和《定边乡土志》记载，山西大同和交城县的皮货商人在清·康熙年间就来宁夏收购滩羊二毛皮，加工之后，运至京、津、沪、汉，部分转售洋商。由于找到优质原料，经营规模逐年扩大，他们用订合同包产包销、先付钱后收货等办法收购皮张，尤其以高价收购毛穗紧、弯曲多、毛股根软梢重的皮子。因此，群众就千方百计选留这样的种羊繁育。甚至用3～5只羯羊换1只优秀公羔，用2只母羊哺乳。自从"洪广营"的"滩皮"有名之后，邻近各处皆与洪广裘皮相比以论优劣。据调查，过去灵武县黑疙瘩北面高力墩的马四家，为了提高自己羊群质量，把自家的公羊去势，通过亲戚关系从贺兰山东麓的镇北堡滩羊优质产区买回优良种羊改良羊群。陕西、甘肃、内蒙古毗邻宁夏的一些地区，通过羊群交叉放牧的机会而换回种羊改良自己的羊群。滩羊群体以此方式逐步向四周扩展，质量也不断提高。

根据以上所述并结合种群生态学的观点，滩羊不但具备自然种群的三个基本特征，即空间特征，具有一定的分布区域；数量特征，数量随着时间条件而变动；遗传特征，具有一定的遗传组成，而且还有其本身的形态特征和经济特征。仅就其空间特征而言，即关于滩羊的分布区域来说，根据大量的调查和研究结果，我们不但知道它分布于宁夏、甘肃、内蒙古和陕西四省、自治区的部分地区，而且已证明从自然选择及适应滩羊品种发展的观点看，滩羊的生态特性与生态要求是在长期的系统发育过程中形成的，它是对半荒漠的、干旱的生态环境有着高度适应能力的品种。其二毛花穗的品质，在荒漠地区、干旱地区较草原地区有提高的趋势。另外，根据过去不少省（自治区）引进滩羊进行繁殖均未获得理想结果的事实,可认为,相对而言,它是一个狭生态幅的绵羊品种。

综上所述,可认为滩羊就是分布于宁夏地区的蒙古羊,在当地特定自然条件下,经劳动人民长期选择,由蒙古羊中分化出来的优良轻裘皮用品种。它既有独特的专用生产方向,又具备生产多种产品的能力,能满足人们的需要。滩羊品种的育成,是产区人们改造生物的成果。滩羊品种的形成是在各种生态,包括社会生态条件及滩羊内在遗传因素的相互矛盾和统一过程中,在长期的系统发育中,通过自然选择和人工选择而形成的。这些复杂的条件和因素,构成了一个非常完整的系统,直接和间接、有形和无形地影响着这个品种的形成。从而使它具备了与其他品种不同的空间特征、数量特征、形态特征、遗传特征和经济特征。它既有独特的专用生产方向,又兼有生产几种产品的特点,可满足人们生活的需要,成为我国特有的裘皮用羊品种。该品种非常值得保留,并使其不断发展和提高。因为它有其他品种不可替代的优良特性,特别是近些年来滩羊裘皮在国内、国际市场的走俏,宁夏滩羊肉以其营养丰富、肉质细嫩、熟肉率高、无膻腥味、味道鲜美受到区内外乃至阿拉伯国家食客的青睐,这一切都证明滩羊品种的优良和独具的特点。

三、滩羊的发展与调查研究概况

为发展滩羊,提高品质,滩羊中心产区在 20 世纪 50 年代末建立了滩羊选育场;1962 年制定了发展区域规划和滩羊鉴定标准;1973 年成立了宁夏滩羊选育协作组,1977 年由陕西、甘肃,宁夏、和内蒙古四省、自治区联合成立了滩羊选育协作组。统一了滩羊的选育目标,制定了选育规划和鉴定标准,推广了行之有效的选育技术,促进了滩羊选育工作的开展;1981 年国家标准局颁布了《滩羊国家标准》;1984 年宁夏回族自治区标准局制定了《滩羊毛标准》,使我国滩羊的生产进一步走向正规化和科学化。

新中国成立后,党和政府对滩羊的发展与提高非常重视,不但明确规定要进行本品种选育提高的政策,而且国家在发展滩羊的数量上也很重视。为了加速滩羊数量的发展,滩羊被引到吉林、浙江、山东、山西、云南、四川、新疆等十几个省(自治区)都因生态环境不适应而使裘皮品质变劣、退化,多数已死亡或被淘汰。据已有资料,当今世界上尚没有类似我国滩羊的品种,说明我国滩羊在国际养羊业中占有绝无仅有的地位,其产品——二毛皮在国际贸易中是独特的珍品。在国内,宁夏滩羊数量最多,占全国滩羊总数的2/3 以上,而且质量最好。宁夏是滩羊的中心产区,但在 20 世纪50 年代和 80 年代曾在一些地区错误地对滩羊进行过杂交改良,引进细毛羊和小尾寒羊基因,影响了滩羊品质,致使滩羊质量有所下降,数量发展缓慢。为此,中央及时指出"滩羊生产的基本方向是发展二毛皮",对滩羊品种的保存起了决定性作用。

滩羊作为优良品种资源,应用畜牧科学方法进行最早的调查研究,始于 20 世纪 40 年代(张松荫等,1945)。60 年代开始了滩羊生态学研究(崔重九等,1962)。随之,对滩羊的研究领域日益扩大,对它的了解与认识也在逐步深入。1958 年宁夏回族自治区成立后,曾组织科研、教学单位的专家、教授对滩羊进行全面、深入的调查,在调查的基础上,制定了滩羊发展区域规划,确定了选育目标,成立了宁夏滩羊研究所和建立滩羊保种基地,先后在宁夏农林科学院建立了滩羊研究所,在贺兰山东麓荒漠草原区的贺兰暖泉农场和干旱草原区的盐池滩羊场建立了 2 个滩羊保种场。为了把宁夏滩羊搞好,尽快提高滩羊二毛皮品质,发展数量,宁夏的科研单位、高等院校,一方面与盐池滩羊选育场、国营暖泉农场、贺兰山牧场及贺兰金山乡协作,开展群众性选育工作;另一方面与中国农业科学院原西北畜牧兽医研究所、北京农业大学畜牧系协作,对滩羊品种特征、生产性能、影响裘皮品质因素、羔羊胚胎期及出生后的生长发育规律、四季生理血液指标及生态特点等方面进行了比较深入的调查和研究,制定了滩羊鉴定标准并在滩羊产区试行,对滩羊的选育、发展和品质提高起到了积极的作用,使滩羊质量不断提高,数量逐年增加。1972 年底宁夏全区滩羊数量达 100 多万只;1973 年宁夏滩羊发展到 120 万只,为新中国成立初的 3 倍;到 1976 年由于自然灾害,羊只春乏大批死亡,年末存栏又降到 100 万只。据 1977 年宁夏、甘肃、陕西、内蒙古四省(自治区)滩羊协作会议统计,四省(自治区)滩羊存栏共 150 万只,其中宁夏 100 万只,其他省(自治区)50 万只。到 1978 年末宁夏全区滩羊又达到 112.9 万只。据滩羊调查组调查报告统计,到 1980 年底,全国共有滩羊 250 万只(是历史最高水平),其中宁夏 150 万只,占 60%;甘肃 80 万只,占 32%;内蒙古、陕西数量较少。

宁夏在提高滩羊经济效益的研究和滩羊在不同地区采取多种形式肥育试验方面,取得初步效果;为滩羊选育建点和完善繁育体系方面奠定了基础。宁夏农林科学院畜牧兽医研究所关于《滩羊的发情及增加裘皮产量的途径》试验研究,初步认为,滩羊品种并不是人们长期以来认为的是季节发情家畜,只要满足了它的营养需要,滩羊就表现出常年发情,四季产羔的品种遗传特征,这样就可通过改善母羊冬季的饲养管理水平而使裘皮和羔羊肉成倍增加。贺兰县草原站进行的《滩羊肉羊短期强度肥育试验》,不仅给滩羊羔羊早期断奶提供了依据,而且筛选出了较为理想的饲料配方,获得了较好的经济效益。专业户滩羊选育群,由于推广技术人员选,群众育的选育方法,选育效果明显提高。中宁县的选育羊只,由 1982 年的 613 只,增加到 1984 年的 1 192 只,其中花杂羊由 12% 降到 4%,等级羔羊较 1982 年提高 44.5%。平罗县选育群的串字花由 1980 年的 20% 提高到 1985 年的 57.1%,不规则花穗由 45.0% 降到 11.8%。

甘肃省由于各级行政部门的支持和业务部门的重视,明确了滩羊发展区域规划,成立了全省滩羊选育领导小组。产区各县也相应地建立组织机构。将滩羊本品种选育列为省的重大科研项目,并组织科研、教学、生产及技术推广单位协作攻关。以场为基础,"两户"为重点,开展群众性选育研究工作。为促进滩羊的发展,业务部门两年中投资近 20 万元,调剂引进种公羊 1 628 只,并于 1984 年春组织 18 名科技人员赴 7 县、3 场进行了现场技术指导和羊只鉴定;同时,举办技术培训班 8 期,共培训基层技术人员和农民技术员 500 多名。

内蒙古阿拉善左旗在摸清品种资源的基础上,给滩羊产区投资 10 万元,购买种母羊 2 000 多只,种公羊 110 只,组建育种专业户 63 户,选育群羊只近 10 000 只。

陕西省滩羊只产于定边县部分乡村,由于各级行政、业务部门非常重视,滩羊选育成绩显著。滩羊选育场重视种公羊的培育,羊群质量提高很快,两年中为专业户提供优良种公羊 1 200 只,在群众性选育中,重点"两户",已组建专业户 17 户,重点户 435 户,约有羊 1.4 万只,建立人工授精点 5 个。举办培训班 4 期,培训技术人员 45 人。

总之,各省(自治区)在农村经济体制改革的新形势下,开展了以场为基础,"两户"为重点或联片选育工作,突出抓了种公羊的培育,并已形成了国营羊场为"两户","两户"(一般农户或优良产区,建立公羊繁殖基地)为一般产区提供优良种公羊的体系;在选育方法上,采取集中抓"两户"兼顾联户组群或联片选育,逐步扩大的办法;在提高经济效益,调整羊群结构,加快周转,改善饲养管理等方面,也取得了一些经验。关于商品经营方面的问题,还在试探牧、工、商一条龙的经营方式。

提高滩羊经济效益,是当前和长远必须认真研究解决的重要问题。随着畜牧业生产发展的趋势,必须向专业化、集约化和商品化发展,必须相应地建立滩羊的科学繁育体系和生产体系,并且以创新的精神和科学的态度,进行牧工商一体化的商品生产体系的探索研究。在不影响裘皮品质的前提下,从皮、肉、毛生产,加工销售等方面,进行综合经济利用的研究,以不断提高经济效益。

关于滩羊的生态环境问题国家非常重视。1976—1978 年由中国科学院自然资源综合考察委员会(沈长江)、兰州沙漠所、西北植物所、中国科技大学(杨纪珂)、宁夏农科所(崔重九)、宁夏科学技术情报研究所(付金海)等单位的共同协作,对宁夏滩羊的生态遗传和滩羊主要经济性状的遗传参数进行了研究工作。

党的十一届三中全会后,我国在农村实行改革,农牧区开始对畜群所有制结构、管理体制、经营方式等进行了调整和改革,取消了约束畜牧业经济发展的制约因素,尤其是在体制上的约束。1984 年后推广了牲畜以"作价"或"无偿"的方式归了户;改革激发了广大农牧民的生产积极性,促进了滩羊的发展。宁夏滩羊达到142 万只。但是,牲畜作价归户后,出现了新情况,遇到了新问题,产生了新矛盾,给滩羊的选育带来了很多困难,尤其是在 20 世纪80 年代初宁夏从山东引进小尾寒羊(90 只)后,先在平罗、陶乐两县与滩羊杂交,随后扩散到其他县,给滩羊的选育和发展带来困难和很大影响。为了了解和掌握当时农村的养羊情况,研究在多种形式的生产责任制和对农牧民养畜禽放宽政策的新形势下,如何开展群众性的滩羊选育工作,进一步提高滩羊的质量和加快选育的步伐,由宁夏农林科学院畜牧兽医研究所养羊室于 1982 年 9~10 月份在滩羊主要产区盐池、同心、灵武、中卫、中宁、吴中、平罗等县进行了一次调查,通过走访、座谈、实测、定点观察,基本上掌握了全区养羊的现状和滩羊选育的情况。调查发现,农村滩羊的系统选育工作坚持下来的主要原因是,羊只由集体饲养变为分散到户饲养,实行了生产责任制,但一家一户难于开展人工授精,更重要的问题是大部分地区群众性的滩羊选育工作未突破原来的方式,经营形式变了,可选育形式未变。但随着农村经济体制改革的不断深入,大批养羊重点户、专业户不断涌现。为此,调查组特意走访了一部分养羊重点户、专业户,发现不少农户利用不同的方法,不同的形式,在较小的范围内,千方百计提高滩羊的生产性能和经济效益。宁夏灵武、平罗、吴忠、同心、盐池等县的专业户采取不养非生产羊,并把主要精力放在对妊娠母羊的后期补饲上,促进了羔羊的早期发育,羔羊出生后体重大,够毛后宰杀的二毛皮,皮板面积大,裘皮质量好,宰羔后的母羊,不久即可发情配种。实现了母羊两年三产。有的专业户选择和培育多胎性能好的产双羔母羊,提高滩羊的产羔率;有的专业户在滩羊裘皮品质上下工夫,到种畜场、滩羊选区购买种羊、串换公羊,改进自己的羊群品质。

甘肃靖远县的滩羊选育工作方向也由原来的以社办牧场改变为以专业户、重点户、联户组群为主,社办牧场为种公羊基地,重新组建选育点、选育群,采取连片选育逐步扩大的选育办法开展滩羊选育工作,走上以提高经济效益求生存,发展商品生产为目标的新阶段。

甘肃省从 20 世纪 70 年代起,也曾从小尾寒羊原产地鲁西引进和推广过小尾寒羊,但由于不了解小尾寒羊的特性,在山区进行放牧养羊方法不科学等原因,都没有取得成功,不但没有起到杂交改良的作用,而且使滩羊的选育和发展受到一定影响。到 1999 年甘肃省又批量引进纯种小尾寒羊与滩羊杂交,实行全舍饲圈养,提高回交后代羊只产羔率(平均产羔率达 220%)、产肉率,形成了一定规模的杂交和回交后代羊群。

20 世纪 90 年代后期,随着我国肉羊产业的迅速发展,宁夏也加快了从区外、国外引进优良肉羊品种的速度,尤其兴起了引入小尾寒羊的"炒种"热,给滩羊的选育和发展造成非常严重的影响和冲击。致使宁夏大部分滩羊产区的滩羊受到小尾寒羊的杂交,造成滩羊裘皮质量下降,肉质、羊毛品质变差,数量减少等现象,更为痛心地是在滩羊的优良产区优良纯种的宁夏滩羊越来越少,甚至在贺兰、暖泉农场滩羊保种场也大量养起了小尾寒羊。据该场一位从事滩羊选育和研究的老专家的话讲:"宁夏区内的滩羊保种工作严重滞后,优良纯种的宁夏滩羊会越来越少,长期下去,种源得不到有效保护,宁夏将失去滩羊物种的基本特色"。他还讲,在宁夏,滩羊就是国家的"大熊猫",它有其他品种不可替代的优良特性,特别是近些年来滩羊裘皮在国内、国际市场的走俏,宁夏滩羊肉以其营养丰富、味道鲜美受到国内外食客青睐,这一切都证明宁夏滩羊品种的优良和独具特点。最近几年,宁夏大部分地区都引入了小尾寒羊,有些地区用小尾寒羊公羊杂交滩母羊,杂种一代再用滩公羊回交的方法提高滩羊的产羔率。可大部分市、县只引进,不注意合理的杂交利用小尾寒羊和滩羊的优点,任其自由交配繁衍,这些地区原来的选育点、选育群绝大部分不存在了,群众性的滩羊系统选育工作基本处于停止状态。纯种滩羊越来越少,杂种羊越来越多。养羊者只注重数量的发展,忽视质量的提高。出现超载过牧,造成畜草之间的不平衡,羊只大量死亡,草原退化、沙化非常严重的现象。为此,宁夏政府决定从 2003 年 5 月 1 日起在全区封山禁牧或禁牧育草,实行羊只舍饲圈养。山区有些县的农户因缺草缺料又宰杀了不少羊只。据宁夏农牧厅组织 3 单位人员,分中部干旱带、石嘴山市和银川市 3 个小组,于 2004 年 7 月 21~26 日对全区羊产业发展状况进行调查,调查报告中的数据为,在盐池、同心、灵武等滩羊产区,现存栏滩羊 98.2 万只,使滩羊数量又下降到百万只以下。

回顾滩羊的发展和研究过程,曾经历了几起几落的曲折发展阶段。在滩羊的调查和研究工作中,四省(自治区)的很多生产单位,科研单位和有关大专院校做了大量工作,尤其是中心产区的宁夏,这方面的工作更为系统全面和突出。经对四省(自治区)滩羊的调查和研究工作的不完全统计,仅发表和未发表的论文、调查、试验研究报告和专著等 200 多篇,内容包括以下诸方面:品种调查,生产性能、二毛品质、花穗分类、体型外貌、胚胎期皮肤生长及毛纤维发生的组织学研究、生长发育规律和生理指标的研究与测定,滩羊的生态遗传、遗传参数与遗传特性、主要经济性状的遗传规律和选育方法的研究,滩羊的饲养(补饲)、肥育、羔羊和种公羊的培育、放牧以及春乏问题的研究和滩羊妊娠期补饲效果的研究,滩羊一胎多产和两年三产试验,滩羊标准、滩羊毛标准、滩羊品种志和滩羊来源考,滩羊的发展、畜群结构、产羔时间和提高泌乳力的研究,滩羊二毛期羊毛品质与裘皮质量的遗传相关分析,滩羊生态及选育方法的研究,滩羊若干经济性状与二毛皮板面积的相关、回归分析,滩羊串字花品系数量性状遗传参数的估测,滩羊精液冷冻技术的研究以及关于滩羊的生态地理特征等方面的研究。尤其是中国科学院宁夏南部山区资源合理利用科学实验队,在滩羊分布的生态地理特征、生态条件分析、生态地理区的划分、主要经济性状的地区分析及生态地理规律以及主要遗传参数、遗传特征、选育方向、方法和保种等方面,做了比较深入的、系统的理论研究和有益探讨。上述的研究工作,在理论上具有较高的学术价值,在生产实践中对提高滩羊品质也具有指导意义,为今后更系统而深入地进行滩羊的科研提供大量的科学依据和信息。

我们认为,进行滩羊的科学研究是一项复杂的研究工作,应具有系统的观点,就是把研究工作看成是一个系统,把与它有关的条件也看作是一个系统,建立它们之间的恰当关系,并加以科学分析,以达到系统研究的目的。根据这一观念,使我们联想到以下几个实质性问题:滩羊与其分布的草原类型、滩羊二毛皮和滩羊毛的品质与草原生态条件之间存在哪些内在联系,滩羊的若干性状,特别是二毛皮的经济性状,受着营养条件的强烈影响,那么特定的草原类型土壤、牧草和饮水等条件,有哪些营养成分和元素对滩羊二毛皮的品质起着主导作用,这样就构成了一个由水、热一土壤一牧草一血液一二毛皮的宏观一微观研究系统,滩羊的有益经济性状必须具有本身的遗传特性和规律,而且各性状间也存在着不同程度的正、负相关关系,在滩羊的分布范围内,由于具体条件的差异,反应在二毛皮品质上也具有相应的差异,所以,对其典型产区(最适区)、次典型区(适宜区)、过渡区和对照区(蒙古羊产区)作为一个系统进行研究的范畴也是非常必要的。

四、我国滩羊发展所面临的形势

进入新世纪,我国的滩羊面临着一个如何发展的问题,怎样客观地、实事求是地看待、分析我国滩羊的发展形势,是关系到滩羊生存的大事,这就要我们应勇敢地迎接滩羊发展中面临的机遇和挑战。

(一)我国滩羊所面临的主要问题和挑战

从新世纪发展目标看,我国滩羊面临着结构转型、体制转轨、经济开放三大趋势,这决定了今后我国滩羊生存与发展的主题。

首先是结构转型的工业化趋势。近 10 年来,我国的改革步伐加快,国家的经济逐步进入工业化的中期阶段,现在正向工业化中期成熟阶段迈进。根据先行工业化国家的经验,这一时期一方面社会对畜产品的需求压力大,同时养殖业的发展受到的制约因素众多,政策因素、市场因素、自然因素都直接或间接地左右着养殖业。目前,我国的滩羊也面临着产业结构不合理的状况,如我国滩羊产品以二毛皮为主,产品单一,没有将二毛皮、滩羊肉、滩羊毛及其他产品进行综合开发利用。目前只加工利用二毛皮,就连能制作优质"天鹅牌"毛毯的生产也已停产 20 多年,致使优质的滩羊毛不能有效利用而影响饲养滩羊的经济效益。其次是体制转轨的市场化趋势。近几年来,我国的改革不断深入,国家的经济体制正在改变,传统农业的经营方式已经不适应现代化农业的需要,多年的计划经济体制已束缚了国家经济的发展,社会主义市场经济已替换了旧的经济模式,我们对这种社会变革还不能很好地适应,缺乏驾驭市场能力。由于农村经济体制的改革,农村养羊基本上实行千家万户分散饲养。饲养管理和经营比较粗放,不少地区至今仍未摆脱"靠天养畜"的局面。农民科技文化素质低,信息不灵通,市场观念差,先进实用科学技术普及推广困难等,仍然是当前制约滩羊迅速发展提高的障碍。三是经济开放的国际形势。近些年来一些发达国家和地区开始把畜产品销售目光转向国际市场。近几年来,由于滩羊中心产区实行了封山禁牧,羊只舍饲圈养的战略措施,一些地区因缺草少料迫使一些农民宰杀了不少羊只,加之滩羊因舍饲圈养而加大了饲养成本,经济效益低甚至出现养滩羊亏本的不良现象,致使宁夏滩羊数量减少到100万只以下。因此,每年生产的产品难以进入国际市场销售和竞争,影响了优质产品的出口创汇。

(二)我国滩羊发展的任务

改革开放以来,我国经济取得了迅速发展,人们的物质文化生活水平有了很大提高,人们对畜产品的需求越来越广,追求健康、长寿的欲望越来越迫切,对衣、食、住要求越来越高。特别是近几年来滩羊二毛皮在国内、国际市场的走俏,宁夏滩羊肉以营养丰富、胆固醇含量低、肉质细嫩、无膻腥味、味道鲜美、熟肉率高受到区内外和国内外食客青睐。因此,我国国内市场是巨大的,我们要积极开发和发展我国的滩羊生产,生产出适合国内乃至国际市场销售的产品,满足人们的需要。随着科学技术的发展和进步,21世纪将是科学技术高速发展的时代,生物技术、信息技术的迅猛发展将会出现一次新的农业科技革命,其特点和内涵是在深入揭示生物生命奥秘的基础上,通过农业科学与信息科学、生命科学的交融,从深度和广度上大大推进生物科学的更新与拓展。生物技术的伟大之处在于突破了动物、植物和微生物之间的物种界限,塑造新的物种。先进的计算机技术的出现和应用使养殖业中非常复杂的大量信息处理和产品网上销售成为可能。这些新技术的应用都会把滩羊生产和发展乃至产品加工和销售提高到一个新的水平。

第二章　滩羊的生存环境

滩羊属蒙古羊的亚型,它是在其特定的分布区域内,由于特殊的水热条件和太阳辐射能量,形成的特殊地带性土壤、植被和饮水等条件,构成了滩羊形成和发展的外在生态条件。同时,在数百年的系统发育过程中,通过自然选择和人工选择,促成了滩羊的独特遗传性能。值得一提的是,在生物圈内,人类的经济活动对于家畜品种的形成和发展起着主导作用。经专家学者们几十年的研究证明,滩羊只有在气候适宜、地属温湿性干旱草原,植被稀疏,牧草干物质、矿物质含量丰富,蛋白质含量高,粗纤维含量低,放牧地势平坦,土质坚硬,干旱少雨,相对湿度低,年积温高,饮水中含有一定量的碳酸盐和硫酸盐成分,矿化度高,水质偏碱性的条件环境中才能正常生息繁衍和保持其特有的品质。

一、滩羊的分布

滩羊主要分布在以宁夏回族自治区为中心及甘肃、内蒙古、陕西与宁夏相毗邻的四省(自治区)的 28 个县(市、旗),总面积约 10 万平方千米。它们是宁夏的贺兰、平罗、大武口、惠农、石嘴山、陶乐、银川、永宁、灵武、青铜峡、吴忠、中卫、中宁、同心、盐池、海原、固原;甘肃的景泰、靖远、皋兰、古浪、榆中、会宁、环县;内蒙古的阿拉善左旗、鄂托克旗、乌海;陕西的定边、靖边、吴旗。其中贺兰、平罗、陶乐、石嘴山、银川、永宁、灵武、青铜峡、吴忠、中卫、中宁、景泰、靖远为典型产区,以贺兰的洪广营和贺兰山以东惠农、平罗、银川等地所产二毛皮品质最好。同心、盐池、海原、定边、皋兰、榆中、阿拉善左旗、鄂托克旗为一般产区,其他县(市、旗)为过渡产区。

二、滩羊产地的自然概况

(一)地理特点

滩羊主要分布于北纬 36°～40°,东经 104°～108°之间。西界为腾格里沙漠,北界为乌兰布和沙漠和毛乌素沙地,东部和南部为黄土高原。境内东部为鄂尔多斯台地,中西部为黄河两侧的冲积平原,西部为贺兰山山地(山前地带),西南部为祁连山东段余脉的低山和山前地带,东部和南部为黄土高原的西北部分,其中黄土高原占有滩羊分布区 60%以上的面积。

优良滩羊产区主要在北纬 39°、东经 105°～107°,即宁夏黄河以西贺兰山麓以东的地区。这一带滩羊所产二毛皮品质最好,多为"串字花"。一般滩羊产区在北纬 37°、东经 105°～108°间,即鄂尔多斯台地的边缘地带,所产二毛皮品质较次。宁夏南部地区过去被划分为用细毛羊杂交改良区,大多数场、社、队饲养细毛羊及其杂种羊。分布区内主要山地有贺兰山、香山、大、小罗山和牛首山等。最大的山脉贺兰山,最高处山峰海拔高度为 3 544 米,其次为香山,其高处海拔为 1 200～1 400 米。滩羊分布区的海拔高度最低约 1 070 米(乌海南部)。但滩羊主要分布在 1 100～1 800 米之间,优质滩羊产区一般海拔在 1 100 米左右。

(二)气候特点

滩羊产区属大陆性气候。全年四季分明,春季风多雨少,夏季中午炎热,早晚凉爽,秋季气候凉爽,冬季寒冷而且历时较长,一般从 11 月份到翌年的 3 月份,长达 5 个月。冬、夏两季昼夜温差大,平均 12℃～15℃(最高 30℃左右)。年平均气温 7.52℃±0.71℃,最低温度在 1 月份(-30℃),最高温度在 7 月份(39℃)。≥10℃年活动积温:2 944.37℃±294.06℃(2 700℃～3 300℃)。全年降水量 299.12±100.47 毫米,蒸发量 1 800～2 400 毫米,为降水量的 8～10 倍。降雨多集中在 7、8、9 月份,占全年降水量的 60%～70%,8 月份是降水量最多的月份。冬季干旱,降水量仅占全年的 5%。从南往北,年降水量从 400 毫米下降到 200 毫米。在滩羊分布集中的宁夏中、北部地区,以上 3 项气候指标的数值分别为:7.73℃±0.41℃,3 034℃±191.69℃,303.08±72.88 毫米。气候干燥,蒸发量大,年蒸发量为 1 600~2 400 毫米,为降水量的 8~10 倍。当地风沙大,风向多为北风及西北风,多集中在 2~5 月间。年空气相对湿度为 50%~60%,最高是 8 月份(70%左右),最低在 4 月份(仅 40%)。无霜期短,为 151~188 天。属温带干旱半干旱地带。这正是形成二毛裘皮性状及毛股中两型毛与绒毛特定比例的气候生态因素。这个生态因素从理论上分析,对于二毛裘皮的皮板厚度与毛囊密度也有密切关系(包括初级毛囊与次级毛囊)。

(三)土壤特点

在滩羊分布区内,地面基质有两点值得注意。一是除黄土高原地区外,其余地貌区域均在不同程度上受黄土或黄土状物质的影响。例如,境内的鄂尔多斯台地,部分地区覆有薄层黄土,有的成为黄土丘陵。贺兰山两侧的山前地带也断续有岛状分布的黄土状物质。祁连山脉的低山和山前地带黄土分布更为广泛,黄土或黄土状物质的覆盖,使地面基质条件变好,有利于土壤形成,在同等降水条件下,可使植物较好地生长,有利于滩羊的饲养。二是境内沙地普遍分布,尤以东北部为甚。这里的沙地主要是人为的过度放牧和滥垦而就地起沙形成的。沙地的出现使生态条件恶化,沙生植被取代了地带植被,滩羊的放牧条件变劣甚至不能放牧。分布区土壤基本类型为棕钙土、灰钙土、栗钙土及少量的黑垆土,还有一部分山地土壤。东部边缘地区为栗钙土,东南部边缘为黑垆土,北部边缘有小片风沙土。优良滩羊区土壤多为沙壤,呈盐碱化,pH 在 7.2~8.5,成土主要为淡灰钙土,土层薄,多沙砾,间有零星沙丘。就滩羊分布最为集中的宁夏中部地区来看,其土壤类型主要为"棕钙土",有两个亚类:棕钙土和淡棕钙土。此外,银川平原分布有黄河冲积物所发育的草甸土、沼泽土、盐渍土、水稻土等,目前主要为农田所占用。

1. 棕钙土 主要分布在鄂尔多斯市西南部,东起盐池西部及陶乐直到贺兰山西麓,南起盐池惠安堡经李旺、兴仁堡直到甘塘一带,包括贺兰山两侧的山前洪积冲积平原和中卫南部的低山丘陵地区。该区内除部分地区有岛状分布的黄土状物质外,大部地区成土母质为洪积冲积物和残积物;就大范围看土层较薄,剖面下部多夹有大小不等的砾石,地表有 0.1~0.3 厘米厚的黑色结皮;全剖面以黄棕色为主,从上至下 0~20 厘米内,由于生草作用的影响,颜色接近灰黄棕色,钙积层除发育在黄土状物质上较为明显外,其他多淀积在砾石层或砾石层内;质地以沙壤或粉沙为主;在流水线两侧或地形低洼处有轻度盐渍化现象。棕钙土与淡棕钙土两个亚类的界限大致以贺兰山为界,贺兰山东侧为棕钙土,两侧为淡棕钙土。淡棕钙土由于腾格里沙漠的侵袭,主要发育在贺兰山西侧山前冲积洪积平原上,沿山呈南北向带状分布。土壤质地除含砾石层外,以细沙粉为主,在风蚀作用微弱的地方,表层有 0.1~0.3 厘米黑色结皮,有机质染色较浅,全剖面呈黄棕色,下部砾石呈浅黄棕色有明显的碳酸钙积累,就大范围看,地表多有薄层积沙。

2. 灰钙土 在整个滩羊分布区内,它主要分布在西南部甘肃境内,直到祁连山东端山前地带。宁夏境内仅发育在低山丘陵和缓坡丘陵坡上,海拔相对较高,多在 1 500 米以上,土壤质地以沙壤质为主,全剖面为灰黄棕色,钙积层不甚明显,为农田占用面积较大,尤其甘肃省的各县,基本上以农田为主,作为滩羊牧场的仅在一些缓坡丘陵地区。

3. 栗钙土与黑垆土 主要分布在调查区的东部与东南部。栗钙土属淡栗钙土亚类,分布在盐池东部和定边等地,成土母质以覆盖在鄂尔多斯台地上的薄层黄土为主,地形较为平坦,土层较厚,剖面发育较好,土层为团块状结构,下为块状,目前以旱地农田为主。

黑垆土在滩羊分布区内占面积较小,以黄土丘陵的北部为主,如盐池的麻黄山,甘肃的环县北部及定边的马鞍山一带,该土类完全发育在黄土母质上,质地较细,除表层因受风的吹扬,质地较粗外,其中下部多为壤土(轻壤-中壤为主,下部黄土出露外达到重壤),海拔多在 1 700~2 000 米,由于水的侵蚀,沟壑纵横,平坦地区用作农田,羊只主要放牧在沟坡地带。这些和棕钙土、灰钙土等土类邻近的地区,滩羊一般在人工选择作用下,尚有分布的可能。

4. **风沙土** 主要分布在北部和西部边缘,由于承受沙漠或沙漠条件的侵袭,从而出现小片的风沙土。此类土壤基本上不能作为滩羊的发展区域。总的看土壤方面的特点:①多为沙壤,土质干燥,缺乏有机质。②盐碱化较普遍,土壤内含盐分多,主要为硫酸盐及氯化物。③当地地下水位深,一般多在 3~4 米。因此,所生长的植物多为耐旱耐碱的植物,虽然植物生长稀疏,覆盖度差,但这些植物的繁殖力强,草内所含的干物质、蛋白质高,矿物质含量较为丰富,粗纤维含量低。④草原类型属半荒漠草原。

甘肃省滩羊分布在北纬 36°~38°、东经 103°~108°的干旱半荒漠地带。海拔一般在 1 300~2 700 米。整个地形地貌为黄土高原丘陵沟壑区和祁连山延伸区的余脉山岭。土壤大部分为大白土、灰钙土、淡栗钙土和少量黑钙土,一般呈碱性。干旱、多风、霜冻、冰雹是滩羊产区的四大自然特点。冬、春季节多北风和西北风,有的地方全年多风,最大风力达 25~28 米/秒,无霜期 103~185 天。年平均气温为 6.3℃~8.3℃,年日照时数为 2 500~2 900 小时。年降水量为 180~477 毫米,多集中在 7、8、9 月份,由东南向西北渐减。蒸发量 1 700~3 300 毫米,为降水量的 4~15 倍。相对湿度为 40%~60%。产区约有放牧草场 186.7 万余公顷,植被稀疏,覆盖度在 20%~60%。大多生长着旱生、半旱生和沙生耐盐碱的藜科、菊科、禾本科等植物。水源甚缺,部分地区水中含钙、镁、钠离子,水质矿化度高,称为苦水,绝大多数地区主要靠窖水、泉水和井水为生。产区总耕地面积 420 021 多公顷,以粮食生产为主,兼营牧业和林业。粮食作物主要有小麦、玉米、高粱、洋芋、糜子、莜麦、谷子等,还有芸芥、胡麻、油菜籽等经济作物、瓜类及小茴香、大麻、甜菜、金针菜、药材等。每年还播种一定面积的苜蓿、燕麦、豌豆等作物。

　　陕西地区(定边县)滩羊主要分布在北纬 35°45′~40°20′、东经 103°35′~108°。总面积 6 904 千米²。为陕北黄土高原与内蒙古鄂尔多斯草原过渡带,海拔 1 300~1 900 米。地形是中部高,南北低。气候特点是:春季多风,夏季干旱,秋季多阴雨,冬季寒冷。全年寒长暑短,水文地质复杂。土壤结构多为盐碱地。

　　阿拉善左旗滩羊产区地理位置,北纬 37°20′~39°20′、东经 104°00′~107°00′。全年日平均气温 8.13℃,降水量平均 148.13 毫米(250.40~89.50 毫米),多集中在 7、8、9 三个月。年蒸发量 2 300 毫米。日照全年平均 2 726.60 小时。风向西北风占 13.67%,北风占 7.27%,东南风占 10.35%。绝对无霜期 139 天,平均无霜期 164.87 天。草原类型是半荒漠草原,土壤以灰钙土为主。土层较薄。植被优生种有:珍珠、红砂、针茅、白草、荆三棱、刺叶柄棘豆、小白蒿、黄蒿、白刺、茵陈、石葱、旱马莲、霸王、臭蒿、骆驼蓬、芨芨草、画眉草、狭叶金鸡尔等,牧草种类多,植被较密。水质好。

三、滩羊分布区的草原类别

　　我国著名的草原学家、甘肃农业大学草原系胡自治教授对滩羊的草原生态特征进行了分析研究,结果表明:一是根据草原的综合顺序分类法,滩羊分布在暖温干旱(淡灰钙土,半荒漠)类草原、微温干旱(灰钙土,棕钙土,半荒漠)类草原、微温微干(栗钙土、淡黑垆土)典型草原类和微温微润(黑垆土,草甸草原)类四个类别的草原上。其中①、②为滩羊的典型产区,③为一般产区,④为过渡产区。二是典型产区中二毛裘皮品质最好的滩羊分布区,其水热生态幅极窄,＞0℃年活动积温为 3 632℃～3 739℃(166℃),草原湿润度为 0.49～0.55(0.06),年降水量为 183.3～222.9 毫米(39.7 毫米)。它们的综合特点分别如下。

(一)暖温干旱(淡灰钙土,半荒漠)类

本类草地分布于韦州、平罗、同心、头道湖、石嘴山、陶乐、贺兰、银川、灵武、中宁、中卫、靖远、大武口等地。它们的＞0℃年活动积温的范围为 3 705℃～3 780℃,草原湿润度为 0.42～0.83。

气候温暖而干燥。年平均气温 8.0℃～9.5℃,7 月份可达22℃～24℃,但 1 月份仍可下降到－7℃～－10℃,气温年较差最大可达 60℃。年降水量 156.2～227.0 毫米,年空气相对湿度40%～60%。无霜期 160～180 天。春季多风沙。

土壤为淡灰钙土。它的分布范围是从乌海南部向南;东界为灵武以南至同心东北线;西界为贺兰山东侧和西侧(头道湖以南)的山前地带,并向南延伸至景泰北部的低平滩地;南界大约为同心东北一中宁一中卫,向南到靖远,再沿黄河到景泰五佛。本地区在黄土山丘、阶地及贺兰山洪积冲积地上发育的淡钙土质地比较细,一般为沙壤,剖面的分异性较小,但腐殖层较厚,一般可达 20～30厘米。表层松散,无结构,色淡,下层呈灰黄色。pH 7.8 左右。石灰反应通层均很强烈。一般不含石膏。有机质含量一般低于1.55%。贺兰山山前地带的洪积扇上部地表有大量砾石,甚或大的块石,发育成戈壁型淡灰钙土,剖面通层质地很粗,粒砾和粗沙交替分布。表层黄灰色。pH 7.2～7.5。

本地区黄河沿岸还有以下大面积灰色草甸土为基础,经长期耕作、灌溉而形成的绿洲土,或称淤灌土。土层较深,地下水位1～2 米。质地以中壤和黏土为主。有机质 1%左右。由于长期灌溉,次生盐渍化较为普遍。此外,地势低平处还有盐土、盐化草甸分布,部分地区还有沙丘或覆沙。

植被为半荒漠(荒漠草原)，主要为小灌木、半灌木荒漠草原和杂类草荒漠草原。主要的草地型有刺旋花(Convolvulus tragacanthoides)＋短花针茅(Stipa breviflora)——北方冠芒草(Enneapogon borealis)型，松叶猪毛菜(Salsoda laricifolia)＋短花针茅——北方冠芒草；骆驼蒿(Peganum nigallastrum)——一年生草本型；锋芒草(Tragus racemonsus)＋狗尾草(Setaria viridis)＋三芒草(Aristida adscensionis)——小画眉草(Eragrostis minor＝E. poaeoides)型；猫头刺(Oxytropis aciphylla)＋红砂(Ramuria soongorica)——无芒隐子草(Cleistogenes songlieus)型；红砂——无芒隐子草型，芨芨草(Achnatherum splendens)——骆驼蒿型；碱蓬(Sueada salsola)型；酸枣(Zizyqhus jujube)——一年生小禾草型；西伯利亚白刺(Nitraria sibirica)＋披针叶黄华(Thermopsislanceolata)＋无芒隐子草型；西伯利亚白刺＋芨芨草——红砂型；合头草(Sympegma regelii)＋珍珠(Salsola passerina)——蒿萝蒿(Artemisia anethoidas)型；珍珠——无叶假木贼(Anabasis aphylla)＋蒙古葱(Allium mongolicum)型；康藏锦鸡儿(Caragana tibetica)型等。

本类草地植物成分比较简单，草层稀疏而低矮，盖度15％～40％，草本高5～20厘米，半灌木和小灌木高15～40厘米。青草产量每667米^{2}20～70千克。在多雨的年份或夏季，草层中的一些多年生草本如长芒草(Stipa bungeana)短花针茅，白草(Penisetum flaceidium)、硬叶苔(Carex sutschanensis)、牛枝子(Lespedeza potanii)、狭叶米口袋(Gueldenstedtia stenophylla)、乳白花黄芪(Astragalus galactites)、多根葱(Allium polyrrhizum)、矮葱(A. anisopodium)、银灰旋花(Convulvulus ammonii)、阿尔泰沟哇花(Heteropappus altaicus)、远志(Polygala tenuifolia)和大量的一年生小草本，如北方冠芒草、小画眉草、锋芒草、虎尾草(Chloris virgata)、三芒草、地锦(Euphorbia humifusa)、蒺藜(Tributus terrestlis)、猪毛蒿(黄蒿，Artemisia scoparia)、刺蓬(Salsola pestifer)、虫实(Corispermu mhyssopifolium)、星状刺果藜(Echinopsilon divarcatum)等发育旺盛，外貌有较大的变化，草层高度、盖度增大1倍以上，产量可增大1～2倍或更多。毒草极少为本类草地特点之一。

(二)微温干旱(灰钙土、棕钙土，半荒漠)类

本类草地分布于海原兴仁堡、阿拉善左旗、兰州白银区、皋兰、巴音浩特、景泰、青铜峡、永宁、中卫等地。它们的＞0℃年活动积温范围为3 173℃～3 683℃，草原湿润度的范围为0.50～0.83。

全年气候温和而干燥。年平均气温6.4℃～8.4℃，7月份可达22℃～24℃，1月份可下降到—10℃～—12℃，气温年较差最大可达60℃～65℃。年降水量186.5～279.1毫米。年空气相对湿度50％～60％。无霜期140～170天。冬季几乎没有积雪。春季多风沙。

土壤分布为灰钙土与棕钙土。灰钙土为普通灰钙土，大致分布于灵武—宝塔线以南、盐池—大水坑—甜水—豫旺—八百户—海原北—甘盐池—郭城驿北—哈岘线以西，灵武—青铜峡东—韦州—同心南—香山北—打拉池—靖远以南的黄河线以东。此外，五佛北—景泰—白银—皋兰以西和头道湖以北的贺兰山西侧也是普通灰钙土。土壤的母质主要为黄土，质地较前一草地类别的淡灰钙土为细，基本上都为沙壤或细沙。有机质含量1.0％～1.5％或稍多。碳酸盐淀积层明显，含有较多的石灰结核，在风蚀较重地区石灰结核残积于地表，数量很大，大小不等，直径0.1～3.0厘米。全剖面呈强石灰反应。pH 7.8～8.5。除氮外，营养元素比较丰富。

棕钙土分布的西界位于灵武以北的黄河，南界为灵武—宝塔—宁夏、内蒙古交界线—毛乌素沙地边缘。行政区域大致上是灵武西北部、盐池北部和鄂托克旗南部。这里的棕钙土剖面分异清楚,腐殖层呈浅棕色,钙积层灰色或灰白色。有机质含量1.0%～2.5%。pH一般在8.0以上。从表层起石灰反应强烈,地表多沙砾化,在没有沙砾化的地段,地表有微弱的龟裂和薄的假结皮,并有黑色地衣。

在普通灰钙土北部和棕钙土区域内,盐碱土和风沙土广泛分布。

本类草地的地带植被亦为半荒漠(荒漠草原),主要是小灌木、半灌木和杂草类,禾草荒漠草原。主要的草地型有冷蒿(Artemisia frigida)＋猫头刺＋沙生针茅(Stipaglareosa)——狭叶锦鸡儿(Caragana stenophylla),戈壁针茅(stipa gobica)——红砂型,戈壁针茅——狭叶锦鸡儿型,珍珠＋红砂——小禾草型,红砂——小禾草型,猫头刺型,短花针茅——牛枝子型,驴驴蒿(Artemisia dalailamae)——短花针茅＋中亚紫菀木(Asterothamus centraliasiaticus)型,驴驴蒿——红砂型,无芒隐子草——短花针茅型,无芒隐子草——沙生针茅型,黑沙蒿(Artemisia ordosica)型,白沙蒿(A. spherocephala)型,西伯利亚白刺＋细枝盐爪爪(Kalidium gracile)——芨芨草型等。

本类草地植物学成分也很简单,草层稀疏,盖度为10%～30%,低矮,一般约10～30厘米,有些灌木、半灌木可达40～50厘米。驴驴蒿掺杂的型盖度可达50%～60%。青草产量每667米^{2}25～75千克,盐碱地上的可达175千克以上。与前一类别相同,草地中含有大量一年生禾草和杂类草,在多雨的夏季和年份发育十分旺盛。本类草地毒草很少。

本类草地的家畜分布以滩羊为主,部分地区也是典型产区。值得注意的是中卫山羊就分布在本类草地的南部灰钙土的范围内。此外也有蒙古羊、普通山羊和骆驼的分布,骆驼以阿拉善沙漠驼和蒙古驼为主。

(三)微温微干(栗钙土、淡黑垆土,典型草原)类

本类草地分布于盐池、盐池草原站、靖边、定边以及屈武山和榆中北部(后两处无气象资料)。总的面积较小。它们>0℃年活动积温 3 300℃～3 600℃,草原湿润度 0.87～1.17。

气候较温和。年平均气温 7.5℃～8.7℃,寒暑变化剧烈,7 月份平均 20℃～22℃,1 月份为-8℃～-9℃,最大年较差达 65℃。年降水量 296.5～400.0 毫米。年空气相对湿度 50%～60%,无霜期 150～180 天。春季风沙特大。

土壤类型为栗钙土,但基本上是淡栗钙土亚类。盐池和定边间的栗钙土成土母质为覆盖在鄂尔多斯台地上的薄层黄土为主,剖面发育较好,但覆沙地较普遍。定边以东的母质多为古河湖相沉积物,很少黄土或基岩露头,地下水较浅,除有流沙外,盐碱化很普遍。屈武山、榆中北部的栗钙土则发育在深厚的黄土上。淡栗钙土的特征是有机质积累较弱,有机质含量 1.5%～2.5%。钙积层明显。石灰反应从表层起即强烈或明显。

此外,本地区还有淡黑垆土的分布,主要在海原-麻黄山之间。这是黑垆土区比较干冷的亚类,特点是发育在深厚的黄土母质上,表层灰或灰褐色,腐殖层较深,一般有 40～60 厘米或 100 厘米,黑褐或黑色。有机质含量 1.0%～1.5%。质地较粗,多为细沙。剖面不明显,也没有一定的结构。心土有斑状石灰淀积物,从表层起石灰反应即强烈。

植被为典型草原,主要是丛生禾草和小半灌木草原。主要的草地型有大针茅(Stipa grandis)——糙隐子草(Cleistogenes squarrosa)型,大针茅+克氏针茅枸(Stipa krylovii)——兴安胡枝子(Lespedeza dahurica)型,克氏针茅+冷蒿型,长芒草+茭蒿(Artemisia giraldii)型,长芒草+兴安胡枝子+铁秆蒿(白莲蒿,Artemisia gmelinii)型,长茅草+短花针茅——兴安胡枝子型,长芒草+大针茅——百里香(Thymus mongolicus)型,百里香型,百

里香——冷蒿＋大针茅型,冷蒿＋大针茅＋长芒草型,大针茅＋长芒草——柠条(Caragna korshinskii)＋杂类草型,针茅(Stipa spp)——阿盖蒿(Ajinia fluticolosa)型,马蔺(Iris ensata)型,猫头刺型,异针茅(Stipa alierna)＋疏花针茅(S. penicilata,＝S. laxiflora)——蒙古冰草(Agropyron mongiocum)＋兴安胡枝子型;沙化地上有白沙蒿型、黑沙蒿型;极度放牧的草地上牛心朴子(Cynanchum hancokianum)占优势。上述各型中还分别混生有数量很多的其他植物,主要有羊茅(Festacaovina)、落草(Koeleria gracilis)、硬质早熟禾(Poa sphondylodes)、白草、草木樨状黄芪(Astragalus melilotodes)、乳白花黄芪、单叶黄芪(A. eafalfolitus)、糙叶黄芪(A. scaberrinmus)、甘草(Glycyrrhiza uralensis)、华北岩黄芪(Hedysarum gmelinii)、阿尔泰狗娃花、猪毛蒿、远志、黄芩(Scutellaria bacalensis)、枸杞(Lycium halimifolia)、星毛委陵菜(Potentilla acaulis)、翻白草(P. fulgens)、轮叶委陵菜(P. verticillaris)蒙古马康草(Malcolmia mongolica)、沙米(Agriophyllum arenarium)、刺蓬(Salsola komarovii)、棉蓬(Corispermump puberulum)、假芸香(Haplophyllum dahurica)、泽漆(Euphorbia helioscopia)地梢瓜(Cynanchum sibiricum)等。

本类草地牧草种类繁多,重量组成中禾草可占 40%～50%,豆草可占 10%。草层一般高 30～50 厘米,盖度 40%～60%。青草产量每 667 米² 100～200 千克。牧草贮量 8 月份达最高峰,5月份只及 8 月份的 10%,6 月份也尚在 50% 以下。利用得当,每年放牧 2～3 次不影响下年产量。培育得当也可进行割草。目前本类草地普遍利用过度,风蚀、水蚀和沙化严重,并使草地具荒漠化的外貌。

适应的家畜为蒙古羊、蒙古牛、山羊等,是滩羊的一般产区。

(四)微温微润(黑垆土,草甸草原)类

本类草地分布在会宁、海原、豫旺、环县、榆中等地区。它们的＞0℃年活动积温的范围为 2 850℃～3468℃,草原湿润度为1.24～1.36。

气候温和而较湿润。年平均气温 5℃～8℃,7 月份为 18℃～20℃,1 月份为－10℃～－12℃,年较差最大为 50℃～53℃。年降水量 380～414 毫米,夏季多暴雨。年空气相对湿度 50％～60％,无霜期 140～170 天。

土壤主要为普通黑垆土。母质为深厚黄土。表层暗灰或灰棕色。腐殖层 70～100 厘米。有机质 1.2％～2.5％。土质疏松。淋溶作用较强,中性到微碱性反应,心土中菌丝体状钙积层明显,还有石灰结核。有黏化现象,但在形态上不明显。

植被以中旱生和旱中生禾草、杂草形成的草甸草原为主。

主要的草地型有白羊草(Botheriochloa ischaemum)＋长芒草——兴安胡枝子＋茭蒿型,长茅草＋茭蒿＋铁秆蒿型,白羊草＋兴安胡枝子型,小尖隐子草(Cleistogenes mucronata)——长芒草＋茭蒿型,小尖隐子草＋茭蒿＋兴安胡枝子型,白羊草＋大针茅＋铁秆蒿型,白羊草＋长芒草＋冷蒿型,三裂绣线菊(Spiraea trilobota)型等。草地中还分别混有许多其他杂草,如茵陈蒿(Artemissa capillaris)、莳萝蒿、阿盖蒿、阿尔泰狗娃花、细枝胡枝子(Lespedeza hedysaroidrs)、多花胡枝子(L. floribunda)、二色棘豆(Oxytropis bioclor)、花苜蓿(Trigonella ruthenica)、甘草、远志、二裂委陵菜(Potentilla bifurca)、中国委陵菜(P. chinensis)、绢毛委陵菜(P. sericea)、二色补血草(Limonium bicolor)、猪毛菜(Salsola collina)、纤毛鹅冠草(Roegnegneria ciliaris)、紫花地丁(Viola chinensis)、百里香等。灌木有丁香(Syringa oblata)、水栒子(Cotoneaster multiflorus)、蒙古莸(Garyopteris mongolica)、文冠果(Xanthoceras sorbifolio)、西伯利亚小柏(Berberis sibirica)、柠条等。

草地一般都表现为严重放牧过度,旱化现象明显。盖度 50％～60％,草层高 40～60 厘米。产草量每 667 米² 200～300 千克。

家畜分布为蒙古牛、蒙古羊、山羊及混有蒙古羊血液的劣质滩羊,是滩羊的过渡产区。

四、滩羊的生态地理区

滩羊的分布现状和它的生态地理区主要是以不典型的非等距同心圆的分布方式为主。中心产地在贺兰山东麓一带。但由于自然生态环境因素的分布服从于地球表面的纬向与经向的地带性分布规律,加之这一地区还受到中国特有的大地构造上的华夏构造带(东北－西南走向)的影响,所以滩羊的非等距同心圆的分布模式不十分典型。

滩羊生态地理区的划分可根据滩羊的生态特性、遗传特性及其对生态环境的适应与评价,划分为 4 个区域。

Ⅰ. 最适区(即典型分布地区):主要包括山前灰钙土与棕钙土荒漠草原地带;如宁夏贺兰山东麓山前平原,大、小罗山及香山等地。

Ⅱ. 适宜区(即次典型分布地区):主要包括淡栗钙土的暖温型干草原地带及淡棕钙土的暖温型草原荒漠化地带。如东部的盐池、定边及西部的贺兰山西麓山前平原直到甘肃景泰一带。

Ⅲ. 勉强区(即过渡型分布地区):主要是那些与灰钙土或棕钙土接壤的黄土高原边缘的黑垆土多杂类草草原地带,如宁夏南部及甘肃陇东的部分黄土高原边缘地区。

Ⅳ. 不宜区:不适宜滩羊生产和特性表现的地区。

以上四类地区发展滩羊生产的基本原则是不同的。显而易见,对Ⅳ不宜区,则不可引种与繁育;对Ⅰ、Ⅱ两类地区,主要可以根据遗传学原则,利用滩羊的遗传特性及遗传规律,进一步发展滩羊生产。同时,要重视对种质的保护,对基因库的保存,这一点对Ⅰ典型分布区更为重要;对Ⅲ勉强区,要发展滩羊生产,就需要既利用滩羊的遗传特性与遗传规律,还要利用滩羊的生态特性与生态规律。也就是说,既要在创造适合滩羊生态要求的环境条件上采取措施,还要采取较多的人工选择措施(特别是公羊),才能获得较好的效果。

水源,优良滩羊产区羊只多饮泉水、渠水和井水,水质很好。一般滩羊产区,水源缺乏,且多苦水,碱性较大。

滩羊对水的需要量较少,而且耐受缺水的能力亦较强。群众饲养滩羊的经验是要控制饮水的次数,一般夏季炎热,每天饮水1次,在冬春季节,每2天饮水1次,如增加饮水次数,例如在秋季把隔日1水改为每天1水,经过一定时间以后,羊只反有膘度降低和羊毛光泽变为暗淡的现象。

综合滩羊分布地区的特点,主要为干旱气候和半荒漠草原,生产耐旱和耐盐碱植物,优良滩羊区由西靠贺兰山麓,气候较暖,牧草种类多,草质好,同时有很多药草,水质亦好,风沙亦小。一般滩羊产区多为沙丘地带,牧草种类较少,水质含盐分高,风沙大,除这些生态条件外,人类选择的影响亦很重要。

第三章 滩羊的品种特征和生长发育特点

一、形态特征及生产性能

(一)体型外貌

滩羊体躯毛色绝大多为白色,头部、眼周围和两颊多为褐色、黑色、黄色斑块点,两耳、嘴和四蹄上部也多有类似的色斑,纯黑纯白者较少。这是滩羊毛色上的主要特征。

滩羊体格中等大小,体质结实。鼻梁稍隆起,眼大微凸出,耳有大、中、小 3 种,大耳为数最多,占 85% 以上,长达 10~12 厘米,宽 6.0~6.5 厘米。小耳厚而竖立,向两端伸直,长达 5.0~6.0 厘米,宽 3.5~4.0 厘米。中耳和大耳薄且半下垂。公羊有大而弯曲呈螺旋形的角。大多数角尖向外延伸,角长 25~48 厘米,两角尖距离一般平均为 50 厘米,最宽的可达 80 厘米;其他为抱角(角尖向内)和中型弯角,小型弯角。母羊一般无角或有小角,占母羊数的 18% 左右,角呈弧形,长 12~16 厘米。颈部丰满、中等长度,颈肩结合良好。背鬐腰平直,胸较深。母羊鬐甲高略低于十字部,公羊有十字部高于鬐甲的,但为数很少。公羊胸宽稍大于十字部宽,母羊十字部宽稍大于胸宽,整个体躯较窄长。尻斜,尾为脂尾,尾长下垂尾根部宽大,尾尖细而圆,部分尾尖呈"S"状弯曲或钩状弯曲,尾尖一般下垂过飞节,尾长一般长 25~28 厘米。尾形大致可分为三角形、长三角形、楔形、楔形"S"尾尖弯曲等几种。尾的宽度和厚度随着脂肪沉积的多少而有改变,一般秋末丰满,春末萎缩。四肢端正,蹄质致密结实。

被毛为异质毛,由有髓毛、两型毛和无髓毛组成,形成毛股或毛辫结构。头部、四肢、腹下和尾部的毛较体躯的毛粗。羔羊初生时从头至尾部和四肢都长有较长的具有波浪形弯曲的紧实毛股。毛股由两型毛和无髓毛(绒毛)组成,两种羊毛差异较小。随着日龄的增加和绒毛的增多,毛股逐渐变粗变长,花穗更为紧实美观。到1月龄左右宰剥的毛皮称为"二毛皮"。二毛期过后随着日龄和毛股的增长,花穗日趋松散,二毛皮的优良特性即逐渐消失。羔羊达4~5月龄时,头部及四肢的较细长毛逐渐脱换为短而直的刺毛,这时身上毛股变为松散。

(二)生产性能

1. 体尺 宁夏滩羊的体高、体长、胸围成年公羊分别为 65.59 厘米、75.52 厘米、80.95 厘米,成年母羊分别为 61.79 厘米、71.65 厘米、76.52 厘米;周岁公羊分别为 59.73 厘米、68.00 厘米、69.51 厘米,周岁母羊分别为 57.65 厘米、66.57 厘米、68.61 厘米。甘肃景泰滩羊的体高、体长、胸围,成年公羊分别为 67.40 厘米、67.50 厘米、74.50 厘米,成年母羊分别为 66.50 厘米、68.10 厘米、78.30 厘米;周岁公羊分别为 62.10 厘米、63.36 厘米、71.70 厘米,周岁母羊分别为 62.20 厘米、63.00 厘米、71.00 厘米。

宁夏滩羊各年龄公、母羊体尺统计,见表 3-1。

表 3-1　宁夏滩羊各年龄公、母羊平均体尺统计表　(单位:只、厘米)

测定项目	公　羊			母　羊			羯　羊		
	1岁 (n=72)	2岁 (n=63)	3岁 (n=229)	1岁 (n=98)	2岁 (n=58)	3岁 (n=603)	1岁 (n=18)	2岁 (n=38)	3岁 (n=29)
体　高	59.73	63.84	65.59	57.65	61.74	61.79	57.80	62.88	63.95
体　长	68.00	74.78	75.52	66.57	70.99	71.65	67.11	72.02	72.50
十字部高	59.60	64.84	64.28	58.48	62.76	62.58	57.75	63.48	64.12
胸　围	69.51	78.45	80.95	68.61	74.40	76.52	67.80	76.08	77.65
胸　深	27.24	31.21	32.10	26.36	28.97	29.95	26.13	29.61	30.60
胸　宽	15.80	17.41	18.10	15.89	16.83	16.99	15.80	17.14	17.33

续表 3-1

测定项目	公 羊			母 羊			羯 羊		
	1 岁 (n=72)	2 岁 (n=63)	3 岁 (n=229)	1 岁 (n=98)	2 岁 (n=58)	3 岁 (n=603)	1 岁 (n=18)	2 岁 (n=38)	3 岁 (n=29)
十字部宽	14.57	16.68	17.06	14.74	16.67	17.11	14.55	16.20	16.40
管 围	7.16	7.82	8.92	6.88	7.22	7.47	6.56	7.67	7.88
额 宽	11.40	12.53	12.72	11.42	11.35	12.06	11.41	12.14	12.17
头 长	30.04	34.17	34.06	27.55	29.71	30.29	27.33	30.56	30.86
耳 长	11.61	11.34	11.19	11.43	11.38	11.53	11.50	12.00	12.67
尾 宽	8.74	11.15	11.78	8.56	9.01	8.10	8.56	10.12	9.89
尾 长	31.24	33.91	32.90	30.32	30.45	29.74	29.16	32.11	31.74
角基宽	6.56	7.72	7.51						
角 长	21.73	27.96	28.10						

滩羊生长发育快,1岁时体重可达成年羊的75%左右。秋季最肥时期,成年公羊可超过50.00千克,成年母羊可达45.00千克。

滩羊一般被毛为白色,头与体躯、四肢带有色斑点者居多。就头部颜色来看,分纯白、褐色、黑色等。

滩羊年剪毛2次,分为夏毛与秋毛。根据多年的统计,一般成年公羊年产毛量为2.25千克,母羊为1.87千克,羯羊2.31千克,当年羔羊0.60千克。毛的细度一般在32~52支,其中以46支者占比例较大。

羔羊生后30天左右宰杀二毛皮时,屠宰率为55%,成年羊秋季肥育季节屠宰率为41.50%。

甘肃地区的滩羊体格中等,体质结实,全身各部位结合良好。耳分大、中、小3种,分别占58%、36%、6%。公羊有螺旋形大角,角尖大多向外延伸,母羊无角或有小角,无角者占 58%。背腰平直,体躯较窄而长,斜尻。属脂尾型,上宽下尖,似"萝卜状"或"三角形"。有的尾尖呈"S"状弯曲,一般超过飞节。四肢端正结实,蹄质致密坚硬。体躯大多为白色,头部、眼周围和两颊有褐色、黑色、淡黄色斑块或斑点,两耳、嘴端、四肢下部也有类似的色斑,还有少数颈部和体躯杂色。纯白或纯黑的较少。被毛为异质毛,光泽良好,有髓毛细长而柔软,体躯主要部位毛辫明显而保持一定的弯曲,一般毛股长 12 厘米以上,最长达 20 厘米。公、母羊体尺,见表 3-2。

甘肃榆中县滩羊成年公、母羊平均体尺见表 3-2。

表 3-2　甘肃榆中县滩羊成年公、母羊平均体尺统计表　(单位:只、厘米)

测定项目	公羊 (n=28) X S	母羊 (n=133) X S
体　高	61.50±5.44	57.32±3.66
体　长	62.39±5.94	60.19±4.48
十字部高	62.25±4.76	58.35±3.74
胸　围	74.64±7.64	69.80±5.04
胸　深	29.52±2.76	27.84±2.67
胸　宽	15.10±3.04	14.73±2.17
十字部宽	15.12±3.24	15.18±3.15
管　围	7.69±3.42	6.89±0.64
额　宽	12.39±1.26	11.17±1.44
头　长	20.32±2.07	18.95±1.98
耳　长	9.82±2.50	10.17±2.37
尾　宽	12.00±3.24	8.94±2.16
尾　长	30.14±4.43	25.86±4.18

注:n为测定的只数,下表同

陕西的滩羊绝大多数体躯为白色,头部多有褐色、黑色、黄色斑点或斑块,四肢下部也多有类似的色斑。纯黑的没有,纯白者也极少。成年滩羊体格中等,体质结实,全身各部位结合良好。母羊头形清秀,鼻梁稍隆起,耳有大、中、小3种。小耳厚而竖立,中耳和大耳薄且半下垂。公羊有螺旋形大角,多向外伸展,母羊一般无角或有小角,颈部丰满,程度适中,颈肩结合良好,背腰平直,胸较深,整个体躯较窄长,四肢端正,蹄质坚硬,尾长根宽尾尖细圆呈三角形下垂过飞节。陕西的滩羊二毛羔羊,够毛时间越40天左右。二毛期毛股长达8厘米,毛股紧实而有弯曲,呈波浪形,一般毛股上有3~4个弯曲,最好的有6~7个弯曲。陕西的滩羊体尺,见表3-3。

表 3-3　陕西定边滩羊各年龄公、母羊平均体尺统计表　（单位:只、厘米）

测定项目	公　羊			母　羊			羯　羊		
	1岁 (n=28)	2岁 (n=15)	3岁 (n=6)	1岁 (n=21)	2岁 (n=20)	3岁 (n=30)	1岁 (n=11)	2岁 (n=8)	3岁 (n=7)
体　高	59.60	60.80	65.30	58.98	59.93	60.88	59.86	64.31	66.70
体　长	60.10	61.10	70.08	63.29	65.13	65.05	60.82	64.75	71.25
十字部高	60.80	62.00	65.20	59.45	60.25	61.42	59.86	64.63	67.00
胸　围	71.40	75.90	84.50	75.62	77.20	79.53	70.36	78.00	84.30
胸　深	27.60	29.00	33.08	27.64	28.30	28.97	26.91	29.00	32.50
胸　宽	16.20	16.60	18.80	17.17	17.40	17.95	15.82	17.13	18.60
管　围	7.40	7.57	8.08	7.12	7.30	7.28	7.14	7.81	7.97
尾　宽	8.40	11.30	12.50	9.43	9.60	10.03	8.82	10.25	12.60
尾　长	28.57	29.90	31.70	27.86	28.35	26.28	29.27	30.88	32.40

　　内蒙古阿拉善左旗滩羊产区,主要分布在旗东南部贺兰山分水岭以西,沿贺兰山8个乡即宗别立、木仁高勒、巴音浩特镇、巴伦别立、相根达赖、加尔格勒赛汉、腾格里、温都尔图乡,与宁夏回族自治区石嘴

山市、平罗、贺兰、永宁、青铜峡、中宁、中卫县和甘肃省的景泰县交相接壤。省(自治区)间滩羊群素有穿插放牧,交换种羊的习惯。

　　阿拉善左旗滩羊产区在贺兰山以西。只是一山之隔,山东山西的羊群相互穿插放牧。利用宁夏滩羊种公羊改良当地蒙古羊,形成阿拉善左旗滩羊。阿拉善左旗滩羊体质结实,耐粗饲,适应性强,终年放牧在半荒漠草原上,耐寒抗暑。成年滩羊外形与蒙古羊相似。体躯毛色绝大多数为白色。头、眼周围和两颊多有褐色、黑色、黄色、青色斑块或斑点。两耳、嘴端,四肢下部也多有类似的色斑。被毛毛股长,富有弯曲,腹毛也好。成年羊体格中等大小,鼻梁稍隆起,眼大微凸出。耳分大、中、小3种。小耳厚而竖立,大耳、中耳薄且半下垂。公羊有螺旋形大角,大多数角尖向外延伸。母羊无角或有小角。尾形多为长的三角形脂尾,四肢较短。滩羊羔羊头短、额宽、耳朵较长、鼻梁稍隆起,头部及四肢以上具有4~8个弯曲的毛股,形成美丽的花穗。阿拉善左旗滩羊的体尺,见表3-4。

表3-4　阿拉善左旗滩羊各年龄公、母羊平均体尺统计表　(单位:只、厘米)

测定项目	公　羊			母　羊		
	6月龄 (n=149)	1.5岁 (n=79)	成　年 (n=58)	6月龄 (n=155)	1.5岁 (n=128)	成　年 (n=236)
体　高	55.03	62.35	67.14	53.89	62.85	62.07
体　长	54.16	64.29	70.14	53.73	63.71	64.15
十字部高	55.60	62.27	65.58	54.76	62.95	62.85
胸　围	64.36	73.38	83.62	64.04	75.59	76.95
胸　深	26.50	27.67	30.88	24.50	27.20	29.01
胸　宽	22.25	22.33	23.50	19.75	21.75	23.00
管　围	7.47	7.31	7.87	7.52	7.62	7.21
尾　宽	13.80	15.33	19.00	13.50	14.50	14.05
尾　长	28.00	30.33	35.13	28.80	29.10	31.34

滩羊由于生长地区和饲养条件等不同,所以亦各有差别。一般说河东体型大于河西,体重以春季为最低,以后逐渐增加,到秋末为最高。羔羊断奶后体重平均为 12.50 千克,最高达 22.50 千克。一般成年公羊头长为 24~25 厘米,母羊头长为 23~24 厘米,体重河东高于河西。河东与河西 2 个统计资料的比较见表 3-3,表 3-4。

2. 体重　不同地区滩羊的体重如下。

宁夏滩羊的初生体重、二毛期体重、周岁体重、成年体重,公羊分别为 3.44 千克、7.16 千克、30.36 千克、46.85 千克,母羊分别为 3.33 千克、6.95 千克、27.18 千克、35.26 千克。甘肃地区滩羊的初生体重、二毛期体重、周岁体重、成年体重,公羊分别为 3.14 千克、6.51 千克、26.50 千克、41.40 千克,母羊分别为 2.96 千克、6.51 千克、22.50 千克、33.30 千克。内蒙古阿拉善左旗滩羊的初生体重、二毛期体重、成年体重,公羊分别为 4.23 千克、8.54 千克、47.56 千克,母羊分别为 3.99 千克、8.76 千克、40.40 千克。

二、生长发育特点

(一)滩羊胚胎期皮肤生长及毛纤维发生

研究结果表明,滩羊在胚胎的 60 天时,皮肤真皮的生长有突然加快的趋势,特别到 90 天以后,又出现一急剧生长时期。因此,可以认为胚胎 60 天和 90 天以后是皮肤生长较旺盛的时期。毛的生长顺序,除触毛外,首先是从头部开始,以后为背部、体侧、尻部和腹部。滩羊的胎毛原基最早出现于头皮,约在胚胎第 41~48 天内开始产生,而背部则在胚胎的第 48 天以后,第 55 天以前这个阶段产生,到胚胎的第 62 天,全身几乎都出现毛原基。毛原基的生长,首先在皮肤表皮的生发层的某处,细胞开始增生,而后逐渐加长,斜向真皮内生长,至形成毛囊时,囊内全为中心细胞所充满,没有间隙,而毛纤维生成,逐渐上长时,中心细胞消失才形成囊腔。

滩羊初级毛囊的出现,约在胚胎第 90 天或在此前数天,初级毛囊形成以后,除头部外,差不多是等长的,其基部都位于同一水平面上,毛囊纵切面的中线与表皮呈 55°～60°角。次级毛囊在胚胎第120 天,全身各部都可见到,但腹部数量较少。次级毛囊的毛原基的发生时期与初级毛囊的毛原基同时或稍后几天发生。在胚胎期不同的部位,毛的发生是同时进行的,而不是逐渐发生的。次级毛囊在真皮中的位置较初级毛囊为浅,并且毛囊的横径也较初级毛囊细,毛球及毛乳头也小。从皮肤生长和毛纤维的发生看出,毛纤维的发育过程可分为:毛原基发生期(从胚胎 48 天开始至 62 天左右结束)和毛囊形成期。

滩羊 41 天胎龄的胎儿,全身体表光滑,皮肤色白、菲薄。体重10.70 克,体长(头顶至尾根的弯曲长,下同)6.50 厘米。切片观察:全身各部位均未发现毛原基的细胞团。在皮肤上,仅看到由外胚层发育而来的生发层细胞及原始结缔组织,头部皮肤的表皮厚度约 13.00 微米。

48 天胎龄的胎儿,全身体表光滑,皮肤色白、菲薄。体重13.40 克,体长 8.00 厘米。头额部在解剖镜下,可隐约看到较稀疏的点状突起。切片观察:在头部皮肤上,可看到由生发层细胞增生而形成的上皮柱(毛原基),向下生长,长约 40 微米,数量较少,背部等其他部位未见发生,头皮的真皮厚度为 78 微米,背部真皮厚度为 26 微米。

55 天胎龄的胎儿,全身体表光滑,较薄,色变深,趋向浅棕色,体重 29.60 克,体长 9.50 厘米。在解剖镜下可看到头额部皮肤上,有较密集的点状突起,背部、体侧亦可以见到。切片观察:头部皮肤的真皮厚度在 260 微米左右,毛原基长约 26 微米,数量较少。

62 天胎龄的胎儿,全身体表光滑,棕色,体重 77.0 克,体长13.0 厘米,眼观头部、背部、体侧、尻部均可看见到点状突起。切片观察:头皮真皮厚度约 330.0 微米,毛原基数量较多,长约 91.0

微米;背部真皮厚度约 2 200 微米,毛原基长约 78.0 微米,呈斜向的上皮柱,数量较多;尻部真皮厚 190.0 微米,毛原基数量较少,长约 29.0 微米。

90 天胎龄的胎儿,全身体表光滑,较厚,具一定的韧性,体重 550.0 克,体长 28.5 厘米。切片观察:头部真皮厚度约 980.0 微米,毛囊已形成,毛球、毛乳头也已形成,毛开始生长,毛囊基部宽 140.0 微米,长度不一;背部真皮厚度为 550.0 微米,初级毛囊已形成,但毛囊内为中心细胞所充满,毛囊基部宽 65.0 微米,长 660.0 微米;腹部真皮厚度 235.0 微米,毛囊基部宽 52.0 微米,长为 106.0 微米,体侧、腹部的毛囊长短一致,位于同一水平面上,毛球、毛乳头尚分化不清。

120 天胎龄的胎儿,全身毛已长出,体重 2 200.0 克,体长 38.0 厘米。切片观察:全身次级毛囊均已发生,头部真皮厚度为 1 900.0~2 100.0 微米,初级毛囊基部横径 195.0 微米,中间部横径约 108.0 微米,次级毛囊基部横径 90.0 微米,中部横径为 40.0 微米;背部真皮厚 1 800.0 微米,初级毛囊基部横径 130.0 微米,中部横径为 108.0 微米,次级毛囊基部横径 104.0 微米,中部横径为 65.0 微米;腹部真皮厚 1 500.0 微米,初级毛囊基部为 130 微米,中部横径为 91.0 微米,次级毛囊基部为 91.0 微米,中部横径为 65.0 微米。

据观察:毛原基的长度,首先在皮肤的生发层的某处,细胞开始增生,而后逐渐加长,斜向真皮内生长,至形成毛囊时,囊内全为中心细胞所充满,并没有间隙;而毛纤维生成,逐渐上长时,通过切片观察没有见到其痕迹,所以还说不清楚。

滩羊初级毛囊的出现,约在胚胎第 90 天或在此前数天,初级毛囊形成以后,除头部外,差不多是等长的,其基部都位于同一水平面上,毛囊纵切面的中心线与表皮呈 55°~60°角。

次级毛囊在胚胎第 120 天,全身各部位都可见到,但腹部数量较少。次级毛囊在真皮中的位置较初级毛囊为浅,并且毛囊的横径也较初级毛囊的细。毛球及毛乳头也小。

根据上述事实,我们认为毛纤维的发育过程可以分为:毛原基发生期,从胚胎 48 天开始至 62 天左右结束;毛囊形成期,毛囊原始体发生在胚胎发育的 45～50 天,至胚胎 90 天全身各部毛囊都已形成;75 天的胎儿在唇端、鼻孔周围、蹄冠边缘开始有毛纤维发生;胚胎 90 天头部毛囊的毛纤维已形成;105 天时全身毛纤维已长出皮肤表面,并形成弯曲;120 天时已有毛股出现;到 135 天时全身各部位毛股一般都有 3～4 个弯曲,毛股伸直长度达 5 厘米左右,相当于初生毛长的 83% 左右。毛股上的弯曲数和形状随二毛的增长亦有改变,到初生时一般每个毛股增至 5～6 个半圆形弯曲。

滩羊裘皮许多重要品质(毛股弯曲形状和数量、毛股粗细、毛纤维细度等)都在胎儿期内形成,了解胎儿期的发育特点,是进行培育优良裘皮羊的基础。据宁夏农业科学研究所测定,滩羊羔在胚胎发育期生长是不平衡。胎儿在 75 日龄以前,组织分化强烈,体重增加缓慢。75 天时胎儿仅 198.75 克,相当于初生体重的 5.48%,平均日增重 9.17 克。120 天和 135 天时,胎儿体重分别达到 2 180 克和 3 170 克,相当于初生体重的 60.05% 和 87.32%,日增重分别为 74.27 克和 66.00 克,135 天至初生阶段,不论绝对增重或相对增重均明显下降。

胎儿羊毛的生长:50～60 日龄是体躯毛囊原始体发生的时期,90～105 天毛纤维陆续长出体表并形成弯曲,120～135 天羊毛生长最强烈,135 天以后增长速度降低。这一变化规律和母羊妊娠最后 2 个月正是枯草期,母羊体重开始下降的情况相吻合。滩羊裘皮的特点就是在这种营养条件下形成的。

(二)滩羊胎儿的生长发育

1. 胎儿的生长 研究结果表明:胎儿 45 天时重量为 11.0

克,至 75 天重达 198.75 克。以后绝对重量增长很快,90 天至 135 天时平均日增重显著增加。尤其是胎儿 105～135 天的期间为最高,平均日增重 66.00～74.27 克。在 135 天时胎儿重量已相当于初生重的 87.32％。135 天以后至初生时,绝对增重下降,至初生(154 天)时,日增重平均为 24.32 克,见表 3-5。

表 3-5　不同天数胎儿的重量和长度　（单位:天、只、克、厘米、％）

胎儿天数	测定只数	胎儿重量	绝对增重	平均日增重	胎儿长度				胎儿体重相当初生体重	胎儿相当母羊体重
					体　高		体　长			
					高度	占初生	长度	占初生		
45	1	11.00			3.62	9.57	6.75	14.73	0.30	0.03
50	1	20.00	6.00	1.80	4.24	11.21	8.50	18.55	0.55	0.05
60	2	61.25	41.25	4.13	7.18	18.99	12.25	26.74	1.69	0.15
75	2	198.75	137.50	9.17	10.27	27.17	16.90	36.89	5.48	0.49
90	3	544.70	345.95	23.06	15.90	42.06	22.21	48.49	15.01	1.35
105	1	1096.00	521.30	34.75	21.68	57.35	30.00	65.50	29.36	2.67
120	2	2180.00	1114.00	74.27	30.50	80.68	38.25	83.51	60.05	5.30
135	3	3170.00	990.00	66.00	33.80	89.41	41.80	91.26	87.32	8.01
154 (初生)	3	3630.00	460.00	24.32	37.80	100.00	45.80	100.00	100.00	8.87

　　不同天数胎儿重量占母羊体重的百分率与母羊的体重、体格大小、妊娠期的营养情况、胎次、每胎产羔数和所用公羊的体格大小等因素有关。试验用母羊屠宰前各阶段平均体重为 39.50～41.30 千克,体格大小具有代表性,皆产第四、第五胎,且由同一公羊配种,因此上述不同日龄胎儿占母羊体重百分率的结果,可以代表滩羊胎儿生长的一般规律。

　　2. 胎儿体尺的增长　表 3-5 所列胎儿体尺以头顶到尾根为

体长,鬐甲到肘端加肘端到腕关节,加腕关节至指端为体高,可见胎儿在各阶段内体高和体长的增长情况。胎儿在 75 天前,体高及其相当于初生时的绝对长度较低,生长速度较慢,而体长的增长较快。105 天以后至初生时体高和体长的生长速度渐趋一致。

3. 胎儿的发育 主要器官的发育情况:测定不同受胎日龄胎儿主要器官和组织重量的增长情况,见表 3-6。

表 3-6 滩羊胎儿主要器官和组织的绝对重量和增长率

(单位:天、只、克、%)

器 官	绝对重量及增长率	胎儿天数								
		45 (n=1)	50 (n=1)	60 (n=2)	75 (n=2)	90 (n=3)	105 (n=1)	120 (n=2)	135 (n=2)	154 (初生) (n=3)
脑	绝对重	0.62	1.22	2.71	6.04	14.51	26.40	42.86	52.50	64.57
	增长率	0.97	1.89	4.20	9.35	22.48	40.88	66.38	81.31	100.00
眼	绝对重	0.13	0.24	0.77	2.49	4.64	5.96	8.07	9.40	9.65
	增长率	1.38	2.48	8.01	25.85	48.11	61.82	83.67	97.45	100.00
心	绝对重	0.13	0.21	0.62	1.30	3.42	6.91	15.44	20.03	27.11
	增长率	0.48	0.36	1.93	4.78	12.60	25.48	56.93	73.87	100.00
肝	绝对重		1.92	6.45	17.07	38.96	64.86	119.29	120.80	70.75
	增长率		2.71	9.12	24.12	55.07	91.67	168.61	170.74	100.00
气管及肺	绝对重	0.19	0.47	2.12	7.60	22.26	34.11	81.50	105.80	62.00
	增长率	0.30	0.75	3.43	12.26	35.95	55.01	131.45	170.65	100.00
胃	绝对重			0.52	1.98	5.26	8.91	17.78	28.11	33.23
	增长率			1.56	5.96	15.83	26.81	53.50	84.59	100.00
肠	绝对重			0.81	2.75	5.74		19.73	35.62	64.73
	增长率			1.25	4.25	8.86		30.42	55.03	100.00
脾	绝对重			0.02	0.17	0.76	2.02	3.78	4.16	3.93
	增长率			0.60	4.36	18.98	50.56	94.72	104.08	100.00

续表 3-6

器 官	绝对重量及增长率	胎儿天数								
		45 (n=1)	50 (n=1)	60 (n=2)	75 (n=2)	90 (n=3)	105 (n=1)	120 (n=2)	135 (n=2)	154 (n=3)
肾	绝对重	0.11	0.57	0.57	1.90	5.71	10.51	19.16	22.93	16.94
	增长率	0.68	1.65	3.37	11.19	33.68	60.05	113.09	135.36	100.00
骨 骼	绝对重				37.19	108.46	216.40	349.88	551.30	778.01
	增长率				4.86	13.94	28.20	44.97	70.86	100.00
皮 肤	绝对重				9.87	45.23	152.70	398.00	644.30	570.30
	增长率				1.73	7.93	26.78	69.79	112.98	100.00
肌 肉	绝对重				77.38	223.03	34.70	710.58	859.80	983.80
	增长率				7.86	22.67	35.27	72.23	87.39	100.00
卵 巢	绝对重			0.01	0.02	0.02	0.02	0.04		0.05
	增长率			21.15	40.38	44.23	42.31	80.78		100.00
睾 丸	绝对重					0.18		1.01	2.33	2.90
	增长率					6.01		34.80	80.78	100.00
脑垂体	绝对重					0.03				0.05
	增长率					49.02				100.00
甲状腺	绝对重					0.25	0.43			0.69
	增长率					36.52	62.32			100.00
肾上腺	绝对重					0.17	0.17	0.38		0.71
	增长率					23.53	23.11	52.80		100.00
胸 腺	绝对重					1.24	2.97	8.96	13.79	11.09
	增长率					11.16	26.77	80.86	124.44	100.00

　　由表 3-6 所列胎儿身体各器官重量相当于初生时该器官重量的百分比,可以看出各器官的相对早熟性,胎儿发育的各个时期,

各器官生长速度差别极大,此主要由于机能需要的原因。其中脑、眼、心脏、肝脏、肺脏、肾脏对胎儿的生活具有重要作用,故在胎儿期间生长甚速,消化器官在胎儿 90 天前生长较缓,在 105 天以后生长迅速,生殖器官的绝对重量甚低。骨骼、肌肉、皮肤在发育后期生长速度亦大,肌肉在 120 天以后生长较缓,而皮肤重量随日龄增加而生长较快,除皮肤本身重量增加以外,与羊毛生长亦有密切关系。选择某些主要的器官重量相当于初生时重量的百分数,可说明其生长的不均衡性。

75 天至初生时,胎儿胃的重量和肠的长度增长情况见表 3-7。

表 3-7　滩羊胚胎 75 天至初生胎儿胃的重量和肠的长度

(单位:天、只、克、%、厘米)

胎儿天数	测定只数	胃的重量					胃肠的长度			
		前三胃		第四胃		总重	大肠		小肠	
		重量	占胃重	重量	占胃重		长度	占体长	长度	占体长
75	2	1.39	70.20	0.59	29.80	1.98	34.00	201.18	164.00	970.41
90	3	4.10	77.94	1.16	22.06	5.26	57.67	259.65	259.00	1166.14
105	1	6.41	71.94	2.50	28.06	8.91	—	—	355.00	1183.33
120	2	12.55	70.58	5.23	29.42	17.78	110.50	288.89	545.25	1425.49
135	2	17.18	61.11	10.93	38.89	28.11	121.00	289.47	612.00	1464.11
初生	3	18.33	55.16	14.90	44.84	33.23	149.70	326.85	895.70	1955.67

由表 3-7 看出胃的重量,在 75～135 天时前三胃的总重相对比第四胃为高,第四胃在 135 天以后至初生时急剧发育,至初生时,第四胃重量和前三胃重量总和相差 3.43 克。大肠和小肠的长度,自 75 天后直至初生,生长速度很大,至初生大肠和小肠分别为体长的 326.85% 和 1 955.67%。

4. 骨骼的发育　75 天至初生时胎儿身体各部位骨骼重量的增长,以及中轴骨与四肢骨重量比例间的变化,见表 3-8。

表 3-8　滩羊不同天数胎儿的中轴骨和四肢骨的重量和比例

（单位：天、只、克、％）

胎儿天数	测定只数	骨总重	中轴骨		四肢骨		四肢骨与中轴骨的比例
			重量	占骨总重	重量	占骨总重	
75	2	37.82	30.52	80.77	7.30	19.30	1：4.18
90	3	108.46	83.83	76.88	25.08	23.12	1：3.32
105	1	219.46	143.60	65.46	75.80	34.54	1：1.89
120	2	349.88	195.13	55.77	154.75	44.23	1：1.26
135	2	551.30	289.10	52.44	262.20	47.56	1：1.10
154（初生）	3	778.01	403.01	51.81	375.00	48.19	1：1.07

　　表 3-8 说明身体各部位的骨骼在胎儿时期生长速度显然不同。根据测定的结果在 105 天以前，中轴骨重量占骨总重的 65.46％，四肢骨重占 34.54％，中轴骨重主要由于生长迅速的缘故。测定 75 天时的头骨重占中轴骨重量的 48.78％，90 天时为 44.96％，105 天时为 43.52％，早期颈部以及身体前部骨骼生长亦迅速。测定的结果在 105 天以后，四肢骨的生长速度增高，尤其在 120 天至初生时重量显著增加。测定前肢与后肢骨骼生长速度亦不同，75 天时前肢骨比后肢骨重量大 13.34％，但至 120 天时，前后肢的重量已接近。从四肢骨与中轴骨的重量比例来看，75～90 天时，中轴骨比四肢骨大 4.18～3.32 倍，至初生时，二者重量已接近。

（三）滩羊胎儿期间羊毛的生长

　　1. 羊毛发生的时间和顺序　胎儿 45 天时体表仅有明显的血管。50 天的胎儿在头顶部皮肤上已有少数小突起，说明在胎儿 45～50 天时头顶部毛囊原始体已开始发生。60 天的胎儿在全身都发现有点状突起。以背线一带突起较密，腹侧中线以下逐渐稀少，此时眼睫毛已长出。75 天的胎儿在唇端、鼻孔周围、蹄冠边缘,开始有毛纤维发生,其他部位仍为点状突起,但比60天时密且更突出于皮肤表面。90天时,头部唇端和鼻孔周围,四肢的蹄冠边缘毛纤维已长出,下唇尤为明显,其他部位尚不明显。105天的胎儿全身毛纤维已长出,其中头顶和颈部毛长而密,后肢、胸部、前膝次之,体侧和耳部较差。一般在皮肤厚的部位比薄的部位羊毛生长为密,由头部向后躯逐渐短而稀。因此,可以说明在90~105天是毛纤维长出的时间。105天以后羊毛长度逐渐增加,并形成弯曲。到120天时,体躯的前半部已呈毛股出现,颈部的毛股呈全圆卷曲,体侧毛股为半圆形,后躯稍有弯曲。135天和初生时,全身各部位毛股都有弯曲,与一般粗毛羊的羔羊不同点为头部和四肢下部毛股亦具有弯曲,唯135天期间毛较稀,毛股间的间隙较大,至初生时则密度增大,在此期间已有些绒毛生长。

2. 胎儿期间羊毛生长的速度 测定105天以后胎儿各部位伸直毛股长度和弯曲数,见表3-9。

表3-9 滩羊胎儿105天至初生各部位伸直毛股长度
(单位:天、只、厘米、%)

胎儿天数	测定只数	肩 部		体 侧		臀 部	
		长 度	相对增长	长 度	相对增长	长 度	相对增长
105	1	0.65		0.53		0.55	
120	2	2.55	116.87	2.35	126.39	1.93	111.29
135	3	5.12	67.10	5.25	76.31	4.69	70.52
154	3	6.17	18.61	6.47	20.81	6.65	34.56

表3-9说明,由105天以后至135天为羊毛生长速度最快的阶段,以肩部为例,105天时毛股长度为0.65厘米,135天时达5.12厘米,伸直毛股绝对长度增加4.47厘米,以初生时毛股长度为100%,则135天的毛股长度相当初生时的82.98%。根据观察和测定羊毛长度前躯较长,后躯稍短可以看出毛纤维的生长速度

因部位上的不同而异,但在初生时,前后躯毛长基本趋向一致,差异很小。

毛股上的弯曲数和形状随毛股长度的增长亦有改变与增加,在 135 天时各部位毛股上平均有 3 个半圆形弯曲,初生时,由于毛股延伸,平均每个毛股上有 5 个半圆形弯曲。

(四)滩羊出生后生长发育

1.骨骼、肌肉和被皮的生长发育　在表 3-10 中,统计了各年龄公、母羊的骨骼、肌肉和被皮的生长发育测定结果。

表 3-10　滩羊生后骨骼、肌肉和毛皮的总发育

性别	年龄	骨　骼		肌　肉		毛　皮		体　重	
		重　量 (克)	为体重的 %	重　量 (克)	为体重的 %	重　量 (克)	为体重的 %	重　量 (千克)	为体重的 %
公羊	初　生	727.60	20.24	1427.30	39.64	615.50	17.10	3.60	100.00
	1 月龄	1255.20	14.32	3801.80	44.21	—		8.60	100.00
	5 月龄	2583.50	11.29	9749.90	42.11	2125.00	9.29	22.88	100.00
	1　岁	2766.40	9.83	11734.20	41.68	2475.00	8.79	28.15	100.00
	2　岁	3298.60	9.49	14028.90	40.37	3050.00	8.78	34.75	100.00
	成　年	5074.50	8.75	—		4225.00	7.28	58.00	100.00
母羊	初　生	680.70	20.14	1143.00	38.87	709.30	21.02	3.33	100.00
	1 月龄	1135.70	13.44	3316.70	39.39	1025.40	12.14	8.45	100.00
	5 月龄	2178.70	10.58	8376.50	40.70	1890.00	9.19	20.58	100.00
	1　岁	2283.80	9.17	9365.20	37.37	2025.00	8.13	24.90	100.00
	2　岁	2649.60	7.62	10943.80	31.47	2550.00	7.35	34.75	100.00
	成　年	3130.00	7.20	15413.60	35.43	1585.00	3.64	43.50	100.00

(1)骨骼的生长　滩羊出生以后,骨骼对于活重的相对重量,是随年龄而下降的,初生时骨骼占活重的比例为 20.24% ~ 20.44%;此后,由于内脏器官和肌肉的迅速发育,骨骼的相对重量

下降,以出生以后的早期发育阶段下降较显著。1月龄时,公、母羔分别为 14.32% 和 13.44%。1 岁时分别为 9.83% 和 9.17%,成年时骨骼重量公羊为 5.07 千克,母羊为 3.13 千克,分别占活重的 8.75% 和 7.20%,在整个出生以后的发育过程中,公羊的骨骼均较母羊发达,而且比较晚熟;出生以后,骨骼对于体重的相对重量变化曲线,与胎儿期的这一曲线,呈相反的情况,这与羔羊在出生前后所处外界环境条件的不同以及功能的需要和锻炼有密切关系。

(2)肌肉的生长 滩羊肌肉的生长在出生以后,不论在其绝对重量或是对活重的相对重量来说都进行的很快,初生时,公羔全身肌肉为 1 427.30 克,占活重的 39.64%;母羔肌肉 1 143.00 克,占活重的 38.87%。1 个月时,肌肉的重量比初生增长了 2 倍,占活重的比例公、母羔分别为 44.21% 和 39.25%,此后,虽然肌肉的绝对重量仍然生长较快,但占活重的比例变动是不大的,这是由于内脏器官的生长和消化道内容物占活重比例逐渐增大的原因。

(3)被皮的生长 滩羊被皮的发育规律与骨骼比较相近,出生以后随年龄的增长而占活重的比例下降,这是由于体表面积(平方单位)的增长,总是比体积(立方单位)和重量的增长来得缓慢的缘故。

由表 3-10 可看出,肌肉的发育比较晚熟,初生时,骨骼和肌肉的重量比例为 1∶1.70～1.90,到断奶时为 1∶2.90～3.80,到 1 岁时为 1∶4.10～4.20,以后肌肉生长强度渐小,与骨骼重量的比例关系变化不大。

2. 内脏器官的发育 在表 3-11 中分别统计了血液循环、呼吸、消化、造血、泌尿和神经等器官系统的发育测定资料,并且以出生后重量变动最小的脑和眼的重量为基数,比较其他器官系统的相对重量的性别、年龄差异。

表 3-11 滩羊内脏器官的发育

性别	年龄	血 重量(克)	血 为脑+眼的%	心 重量(克)	心 为脑+眼的%	气管肺 重量(克)	气管肺 为脑+眼的%	肝 重量(克)	肝 为脑+眼的%	脾 重量(克)	脾 为脑+眼的%	胰 重量(克)	胰 为脑+眼的%	肾 重量(克)	肾 为脑+眼的%	脑+眼 重量(克)	脑+眼 为脑+眼的%
公羊	初生	210.00	278.30	26.71	35.40	62.50	82.83	70.00	92.76	3.22	4.27	2.85	3.68	15.35	20.34	75.46	100
	1月龄	215.00	208.60	46.20	44.83	154.50	149.90	154.50	149.90	15.50	15.03	9.63	9.34	34.75	33.72	103.07	100
	5月龄	966.00	847.70	122.00	107.10	265.00	232.60	517.00	453.70	67.25	59.02	—	—	99.00	86.88	113.95	100
	1岁	962.50	774.60	114.00	91.75	297.10	239.10	366.25	294.80	56.50	45.47	23.35	18.79	83.50	67.20	124.25	100
	2岁	1410.00	1019.00	140.25	101.30	366.75	265.00	548.25	396.10	92.80	67.05	32.25	23.30	101.25	73.16	138.40	100
	成年	2215.00	1549.00	233.75	163.50	509.25	356.20	737.50	515.90	112.00	78.35	50.95	35.64	149.85	104.80	142.95	100
母羊	初生	250.00	202.10	25.64	34.54	62.75	84.52	60.94	82.09	3.54	4.77	2.65	3.57	18.51	24.93	74.24	100
	1月龄	280.00	292.00	48.75	50.83	132.00	137.64	119.00	124.10	13.84	14.32	6.69	6.97	32.94	34.38	95.90	100
	5月龄	915.70	795.90	92.13	80.08	280.83	244.10	456.00	396.40	56.53	49.14	20.00	17.39	80.10	69.62	115.03	100
	1岁	950.00	764.00	99.50	80.02	232.50	186.90	307.75	247.50	51.25	41.31	20.75	16.69	70.50	56.70	124.35	100
	2岁	1037.50	821.80	111.10	88.00	346.00	274.10	347.00	274.90	68.50	54.26	21.10	16.71	75.75	60.00	126.25	100
	成年	1690.00	1285.00	172.00	130.80	359.00	273.00	529.95	403.00	72.25	54.94	31.50	23.95	103.00	78.33	131.50	100

由表 3-11 可看出,脑、眼的发育比较早熟,自初生到成年重量增长还不及 1 倍,与脑、眼相比,其他器官系统在出生以后的生长强度都很大,尤以造血器官和血液的重量增长为最大。

各器官对于脑+眼的相对重量,公、母羊相比,可以看出均以公羊比较发达,说明公羊的代谢水平比母羊高。

(1)消化道的发育 表 3-12 和表 3-13 分别统计了消化道各部分的重量生长和肠的长度生长测定资料。

滩羊在成年之后,消化道的总重量为 100% 即初生时仅为 3.34%(公)和 5.61%(母),到断奶时,已占 50% 以上,羊只在成年以前,消化道的重量,是不断增加的,成年时消化道的总重量,公羊平均为 2.78 千克,母羊为 2.19 千克,分别占活重的 4.80% 和 5.03%。

消化道的各个部分,在初生时的发育程度不一,出生以后的生长强度也是有差别的,这与功能的阶段需要和消化功能的锻炼有关。例如,前 3 个胃对于成年时的比例,初生为 0.76%(公)和 1.25%(母),而真胃已达 6.77% 和 12.13%,哺乳期内,羔羊营养来源主要依靠真胃消化母乳,故真胃发育强度仍很大,断奶以后饲料性质的改变,导致前 3 胃和真胃对成年时的相对重量则较接近。

肠的重量生长强度也很大,1 岁时重量生长的停滞和下降,系由于屠宰时与断奶时比较是处于营养较差的时期。

肠的长度生长强度较重量的生长相对较小,肠长度为羊只体长的倍数随年龄变化不大,该倍数以断奶时期为最大,公、母羊肠的总长度分别达体长的 51.66 倍和 47.21 倍。

(2)性腺和内分泌腺的发育 现将甲状腺、肾上腺、脑垂体、胸腺、胰腺和睾丸、卵巢的发育资料统计如表 3-14 所示。

由表 3-14 可看出,胸腺在第一个月内生长仍较快,以后逐渐萎缩,其他内分泌腺体均随年龄的增长而逐渐发育。

甲状腺、肾上腺的发育规律相近,其相对生长曲线比较稳,2 岁时母羊该二腺体生长曲线下降的原因尚待进一步分析研究。

表3-12　滩羊生后期消化道的重量变化

性别	年龄	前三胃 重量(克)	前三胃 占成年%	真胃 重量(克)	真胃 占成年%	大肠 重量(克)	大肠 占成年%	小肠 重量(克)	小肠 占成年%	盲肠 重量(克)	盲肠 占成年%	消化道 重量(克)	消化道 占成年%
公羊	初生	11.53	0.76	12.06	6.77	15.87	3.73	46.36	8.43	1.90	4.13	92.99	3.34
	1月龄	61.60	4.08	30.50	17.11	38.00	8.94	169.00	30.73	5.03	10.93	317.63	11.41
	5月龄	584.00	38.65	88.50	49.65	184.50	43.41	470.50	85.55	27.00	58.70	1390.50	49.95
	1岁	649.00	42.95	87.50	49.00	212.50	50.00	325.00	59.09	30.25	65.76	1342.50	48.20
	2岁	885.00	58.57	98.50	55.26	450.00	105.88	437.50	79.55	64.50	140.21	2504.00	100
	成年	1510.85	100.00	178.25	100.00	550.00	100.00	425.00	100.00	46.00	100.00	2783.40	100
母羊	初生	14.29	1.25	16.47	12.13	16.64	4.09	69.29	17.09	1.92	5.26	122.84	5.61
	1月龄	46.53	4.08	24.65	18.16	37.50	9.23	122.15	30.13	4.33	11.86	245.22	11.61
	5月龄	506.13	44.35	66.00	48.63	186.67	45.92	407.27	100.40	21.93	60.08	1220.60	55.76
	1岁	584.00	51.18	63.00	46.41	239.50	58.92	294.50	72.63	26.75	73.29	1243.50	56.81
	2岁	711.00	62.31	84.75	62.43	413.50	101.70	327.00	80.64	34.05	93.29	1610.30	73.56
	成年	1140.75	100.00	135.75	100.00	406.50	100.00	405.50	100.00	36.50	100.00	2189.00	100

表 3-13　滩羊生后期肠的长度生长

性别	年龄	大肠		小肠		盲肠		总计	
		长度(厘米)	为体长的倍数	长度(厘米)	为体长的倍数	长度(厘米)	为体长的倍数	长度(厘米)	为体长的倍数
公羊	初生	153.00	5.10	969.00	32.30	8.40	0.28	1130.40	37.68
	1月龄	222.00	5.50	1280.00	31.25	15.00	0.38	1487.00	37.13
	5月龄	543.50	9.13	2502.00	42.02	30.50	0.51	3076.00	51.66
	1岁	593.00	9.05	2170.00	33.13	28.00	0.43	2791.00	42.61
	2岁	548.00	7.56	2380.00	32.83	28.00	0.35	2956.00	40.74
	成年	779.00		2797.00		36.00		3612.00	
母羊	初生	177.00	5.66	949.00	30.37	8.20	0.26	1134.20	36.29
	1月龄	193.00	4.95	1239.00	31.77	11.75	0.30	1443.80	37.02
	5月龄	548.33	9.54	2140.70	37.23	25.33	0.44	2714.40	47.21
	1岁	500.00	8.03	1995.00	32.02	17.00	0.27	2512.00	40.32
	2岁	611.00	9.29	2511.00	38.05	31.00	0.47	3153.00	47.78
	成年	640.00	9.14	2389.00	34.13	30.00	0.43	3058.00	43.70

胰腺的发育,主要在哺乳期进行得较强烈,断奶以后生长强度不大,且生长规律与甲状腺、肾上腺呈现相反的情况。这是由于内分泌激素的生理作用是相反的原因。

睾丸和卵巢的发育在性成熟前后,强度较大,在断奶时睾丸重量比初生增加了 42 倍,而卵巢仅增加了 7.5 倍,故公羔性功能发育比母羔早熟,此后随着年龄增长和性功能的逐渐完善,在羊只成年以前性腺均在逐渐发育。

总之,滩羊 5 月龄以前体重增长迅速,5 月龄到 1 岁时则生长缓慢,到 2 周岁时一般仅达成年体重的 60%～80%。肌肉增长较快,初生时公、母羔肌肉总重分别达活重的 34%～40%。皮肤的增长随着体重的增加所占比例相对下降。造血器官增长与血液量

表3-14　滩羊内分泌腺和性腺的发育

性别	年龄	甲状腺		肾上腺		脑垂体		胸腺		睾丸		卵巢		胰腺		备注
		重(克)	量占成年%	重(克)	量占成年%	重(克)	量占成年%	重(克)	量占成年%	重(克)	量占成年%	重(克)	量占成年%	重(克)	量占成年%	
公羊	初生	0.61	19.94	0.24	6.35	—	—	9.35		2.05	0.54			2.85	5.59*	这些数据系个体差异造成
	1月龄	1.12	36.60	1.15	29.94	0.11	45.83	26.88		3.90	1.01			9.63	18.90	
	5月龄	1.41	46.08	1.07	27.73	0.26*	110.00	17.41		88.26	22.89			35.00	68.68	
	1岁	1.73	56.54	1.75	45.54	0.24	99.17	—		141.25	36.64			23.35	45.83	
	2岁	1.84	60.13	2.48	64.51	0.11*	46.25	—		195.90	50.82			32.25	63.30	
	成年	3.06	100.00	3.84	100.00	0.24	100.00	—		385.50	100.00			50.95	100.00	
母羊	初生	0.61	18.53	0.66	30.38	0.08	20.97	10.74				0.07	2.73	2.65	8.41	
	1月龄	1.10	33.42	0.78	35.57	0.07	17.90	34.41				0.19	7.86	6.69	21.24	
	5月龄	1.44	43.76	1.19	54.57	0.28	72.38	23.25				0.58	23.66	20.00	63.49	
	1岁	1.94	58.73	2.26*	103.60	0.25	63.94	—				—	—	20.75	65.87	
	2岁	1.50*	45.55	1.79	82.33	0.31	80.31	—				—	—	21.10	66.98	
	成年	3.29	100.00	2.18	100.00	0.39	100.00	—				2.46	100.00	31.50	100.00	

增加都较显著。成年公、母羊消化道总量一般分别为 2.8 千克和 2.2 千克,约占活重的 4.8% 和 5.0%;羔羊消化道的生长强度很大,初生时相当于成年时 3%～6%,5 月龄断奶时则占 50% 以上,羔羊初生时真胃较发达,以后前 3 胃发育较快,长到 1 岁时前 3 胃与成年羊的相对重量接近。肠的长度为羊只体长的倍数与年龄变化关系不大。一般成年羊肠的总长度 3 058 厘米,约为体长的 44 倍。生后肠的增长倍数以 5 月龄断奶时为最大,公、母羊肠的总长度一般分别为体长的 53 倍和 47 倍。

内分泌腺的发育,除胸腺在生后 1 个月开始萎缩外,其他内分泌腺体均随年龄的增长而逐渐发育。胰腺在羔羊哺乳期内发育最显著;性腺在性成熟前后发育显著,睾丸重量断奶时较初生时增加 42 倍,卵巢增加 7.5 倍。

公羔和母羔初生重相差不多。生后,公羔生长发育要比母羔快一些。在 5 月龄断奶时,公羔体重一般达到 24 千克左右,为初生重的 6 倍;母羔体重一般可达 18 千克左右,为初生重的 4.5 倍;在断奶后的 6～7 个月内,生长发育较缓慢。公羔满 10 月龄时,可达 24 千克左右,为初生重的 6 倍。满 12 个月到 15 个月时正值春乏季节,羊只生长发育受阻,虽然体尺有所增加,但一般只能维持 10 月龄时的体重,甚至还有下降。到 2 岁时,按照在春季的测定,公羊体重一般为 44 千克左右,重的 55 千克,轻的只有 30 千克左右;母羊一般为 33 千克左右,重的不超过 45 千克,轻的只有 22 千克。成年公羊一般为 47 千克左右,重的 63 千克,轻的也只有 30 千克左右;成年母羊一般为 35 千克左右,重的不超过 52 千克,轻的只有 23 千克。到秋季,成年公羊一般可达 50 多千克,成年母羊可达 47 千克左右。母羊在春、秋季节的体重差额比较大,除因牧草变化外,还由于冬、春季产羔哺乳的影响。

成年滩羊的各项体尺以公羊为最高,羯羊次之,母羊最低。同项体尺也因不同地区有所差异,以体高为例,同心地区最高,平均为 66.21 厘米,银北地区平均为 65.95 厘米。

滩羊长期繁殖在干旱半荒漠地带,除部分草原牧草种类较多,草质良好外,大部分草原牧草覆盖度稀少,种类单纯,产草量很低。因此,滩羊除在冬春产羔季节外,则多移动放牧,有跋涉数百千米甚至攀登高山放牧的。在此种环境条件下,滩羊形成了相当坚实的体质,能够适应干旱气候和风沙的袭击,同时其优良性能也能稳定的遗传给后代。

三、滩羊十三项生理常值

生理常值是家畜生理科学的重要内容。研究滩羊生理常值对滩羊的选育和疾病诊断有一定参考价值。1980 年 7 月份宁夏农学院生理教研室对宁夏滩羊成年公、母、羯羊的 13 项生理常值(体温、心率、呼吸、瘤胃运动、红细胞压积、血红蛋白量、红细胞数、血小板数、凝血时间、血沉、白细胞数及其分类、红细胞渗透抵抗力)进行了测定,其结果如下。

(一)呼吸、心率、瘤胃运动、体温测定结果

滩羊的呼吸次数,成年公羊、母羊、羯羊分别为 25.59±5.76 次/分、27.10±4.25 次/分、31.32±5.73 次/分。滩羊的心率次数,成年公羊、母羊、羯羊分别为 80.76±8.44 次/分、83.22±9.70 次/分、88.10±5.23 次/分。滩羊的瘤胃运动次数,成年公羊、母羊、羯羊分别为 1.02±0.36 次/分、0.88±0.26 次/分、0.81±0.27 次/分。滩羊的体温,成年公羊、母羊、羯羊分别为 38.76℃±0.39℃、38.89℃±0.38℃、38.90℃±0.46℃。

(二)滩羊的红细胞数、血红蛋白量、红细胞压积测定结果

滩羊的红细胞数,成年公羊、母羊、羯羊分别为 7.16±0.95 百万/毫米、7.51±0.89 百万/毫米、7.88±1.14 百万/毫米。滩羊的血红蛋白量,成年公羊、母羊、羯羊分别为 8.17±0.56 克、8.10±0.75 克、8.59±0.76 克。滩羊的红细胞压积,成年公羊、母羊、羯羊分别为 31.29％ ± 2.65％、31.54％ ± 1.98％、34.25％ ±3.48％。

(三)滩羊的血沉、凝血时间、红细胞渗透抵抗力测定结果

滩羊的血沉,成年公羊、母羊、羯羊分别为 1.23±1.07 毫米、0.66±0.26 毫米、0.56±0.19 毫米。滩羊的凝血时间,成年公羊、母羊、羯羊分别为 322.50±79.08 秒、236.37±50.57 秒、241.10 ±54.43 秒。滩羊的红细胞渗透抵抗力最大和最小,成年公羊、母羊、羯羊分别为 0.54±0.03％氯化钠、0.66±0.02％氯化钠、0.54 ±0.03％氯化钠和 0.66±0.02％氯化钠、0.54±0.03％氯化钠、0.68±0.03％氯化钠。

(四)滩羊的血小板、白细胞数的测定结果

滩羊的血小板数,成年公羊、母羊、羯羊分别为 51.23±16.23 万/毫米^3、52.80±11.23 万/毫米^3、43.10±13.47 万/毫米^3。滩羊的白细胞数,成年公羊、母羊、羯羊分别为 9.42±2.18 千/毫米^3、9.27±1.25 千/毫米^3、9.32±1.59 千/毫米^3。

(五)滩羊的白细胞分类测定结果

滩羊的淋巴细胞数成年公羊、母羊、羯羊分别为 52.04±7.08％、56.25±5.77％、55.00±6.56％。滩羊的单核细胞数,成年公羊、母羊、羯羊分别为 1.14±0.79％、1.12±0.78％、1.79±0.80％。滩羊的嗜中性细胞的幼稚型、杆型和分叶型,成年公羊、母羊、羯羊分别为 0.57 ± 0.70％、2.01 ± 1.29％和 35.28 ±7.04％,0.48±0.56％、1.75±0.81％和 32.89±6.26％,0.41±0.45％、1.28±0.85 和 35.47±6.96％。滩羊的嗜酸性细胞数,成年公羊、母羊、羯羊分别为 8.12±2.97％、6.81±2.68％、5.11±1.96％。滩羊的嗜碱性细胞数,成年公羊、母羊、羯羊分别为 0.67 ±0.61％、0.75±0.86％、0.92±0.85％。

第四章 滩羊的主要产品

一、滩羊皮

(一)滩羊二毛裘皮和羔皮

滩羊羔由于宰杀或死亡的时间长短不定,饲养条件所给予营养高低不同,因此毛的长短、皮板的大小、品质的优劣亦不一样。所以在用途和分类上,分为羔皮(流产及初生后死亡之胎皮和生后数日死亡者)、二毛皮和甩头皮三种。其中以二毛皮为最有名的主要产品。

1. 羔皮 一般包括滩羊胎皮及生后不久或未够二毛时毛股长度不足 8 厘米时因疾病或其他原因死亡后而获得的毛皮称羔皮。羔皮除了毛股长度较二毛皮稍短,绒毛少皮板薄外,毛股弯曲数和二毛皮一样多(因为毛股弯曲是在胚胎里形成的,生后不在增加),花案同样好看。据外贸人员讲,羔皮在外贸上同样受欢迎。羔皮一般上等者为 45 厘米^2,中等者为 38 厘米^2,下等者为 33 厘米^2。毛股的长度一般在 3 厘米以上 6 厘米以下。毛皮特点是皮板轻、保暖性亦好,毛穗小而尖紧,不易松散和毡结,为最佳之男女制服用皮和便衣用皮。

2. 二毛皮 是滩羊羔羊生后 30 天左右,毛股长度达到 8 厘米时宰杀所剥取的毛皮称"二毛皮"。二毛皮是滩羊的主要产品。宰杀羔羊的时间对二毛皮品质影响很大,如过早宰杀,毛股较短,绒毛较少,保暖性差,超过屠宰日龄,则绒毛含量增多,花穗变为松散,影响美观。二毛皮的主要特点如下。

(1)毛股紧实,长而柔软 滩羊不论在胚胎发育时期或者在生后的发育时期,羊毛的生长速度都很快,为其他绵羊品种所不及。

出生后 30 天其毛股长度已达 8 厘米左右,毛股长而紧实,毛纤维细而柔软,所以,剥取滩羊二毛皮的时间以羔羊生后 30 天左右,毛股的自然长度达到 8～9 厘米时比较适宜。

(2)花穗美丽,光泽悦目 由于毛股的大小和弯曲的形状不同,从而构成了不同类型的花穗,光泽柔和,一般呈玉白色。属于上等花穗的有以下两种:

①串字花 毛股粗细 0.4～0.6 厘米,毛股上弯曲数较多如水波状,一般每个毛股上有弯曲 5～7 个。毛股中含两型毛 550～600 根,绒毛 700～800 根。尖端呈半圆形弯曲;毛股紧实,根部柔软,能向四方弯倒;弯曲弧度均匀,弯曲部分占毛股全长的 2/3～3/4,形似"串"字,故称"串字花"。这种花穗紧实清晰,花穗最美观,花穗顶端是扁的,不易松散和毡结,纵横倒直,如水波浪式美观不变形。有少数具有"串字花"的二毛皮,其毛股较细小,毛股粗细在 0.4 厘米以下,弯曲弧度亦小,弯曲数目较多,一般每个毛股上有 7～8 个弯曲,称为"小串字花"或"绿豆丝",这种花穗是二毛皮中最美观的一种。

②软大花 毛股较粗大而不紧实,毛股粗细 0.6 厘米以上;一般毛股上弯曲少于"串字花",每个毛股上有弯曲 4～6 个,有弯曲的部分占毛股全长的 1/2～2/3,弯曲的弧度较大,呈平波状,花穗顶端呈柱状,扭成卷曲。这种花穗由于下部绒毛含量较多,裘皮保暖性较好,但不如"串字花"美观。

此外,还有所谓"卧花"、"核桃花"、"笔筒花"、"钉子花"、"头顶一枝花"、"蒜瓣花"等。这些花穗形状多不规则,毛股短而粗大松散,弯曲数少,弧度不均匀,毛根部绒毛含量多,因而易于毡结,欠美观,其品质都不及前两种。

③卧花 一般毛穗粗松而短,毛股上弯曲少而互依,弯曲一般在 4～5 个,毛尖粗而呈尖花,多半呈半开口状,亦有圆形者,毛股粗细在 0.6 厘米以上者居多。这种类型的弯曲有时不正常,生长

过程中同一毛穗有部分则与软大花有时有混淆之处。羔羊在出生时毛股长度一般比前两种短1/4～1/3,毛股中粗毛与绒毛比重均较前两者为大。

④核桃花 核桃花以毛穗尖端花弯形如核桃而得名,毛股较短而细,毛股上弯曲少而分布不匀,有的毛股除尖端形如核桃外,毛股上的弯曲不明显、弯曲弧度不整齐、弯曲数在3～4个,欠美观。也是二毛皮中最不好的毛花。这种花穗一般产在滩羊产区边缘和接近蒙古羊地区。

二毛皮中,根据每张皮上花穗所占比重和不同形状,大多为以上4种。但详细观察,就一张皮本身而言,花穗亦不一样,由于身体部位不同,形成的花穗类别亦不同,有的包括两种或两种以上的花穗,有的肩部花穗和股部花穗或弯曲数不一致。

(3)保暖性好,不易毡结 二毛皮的保暖性主要由毛的密度和绒毛的多少来决定。耐久、美观、毡结主要由有髓毛与无髓毛比例大小来决定的。二毛裘皮有髓毛平均细度26.60±7.67微米,无髓毛细度17.40±4.36微米,说明有髓毛与无髓毛的差异不大。皮板一般每平方厘米有羊毛纤维2 325根,其中无髓毛占54%,有髓毛占46%;按纤维类型的重量百分比计算,无髓毛占15%,有髓毛占85%。二毛裘皮由于毛股下部有无髓毛着生,因而保暖性良好,并且有髓毛与无髓毛的毛型比例适中,故不易毡结。

(4)皮板致密,轻便结实 二毛皮皮板弹性较好,相当致密结实。皮板面积因个体大小而异,平均每张为2 254厘米^2。皮板厚度平均为0.78毫米。皮板重量为测定屠宰后鲜皮重量,平均每张重量为0.91千克,经过鞣制好的皮子,每张平均重0.35千克。因此,一般缝制一件120厘米(3尺6寸)长的皮大衣需二毛皮8～10张,重量仅2千克;缝制一件长74厘米(2尺2寸)或80厘米(2尺4寸)长的皮大衣需二毛皮5～6张,重量仅1.5千克,穿着起来比较轻便。

(5)皮板面积　以颈部刀口至尾根的直线作为长度,腰部两侧最短距离作为宽度,根据崔重九先生对 730 张二毛皮的测定,其结果为:皮的平均长度为 66.96(范围 42.00～83.00)厘米,宽度为 33.66(范围 20.00～46.00)厘米。计算其面积平均为 2 253.90(范围 1 120.00～3 480.00)厘米^2。

(6)皮板厚度　根据朱兴运等的测定,拣取未经鞣制的生皮,用生石灰糊涂于皮面,经 24～30 小时,拔毛并削去结缔组织,经自然干燥后,用螺旋测微仪分别测定剪下各部位的小块样本,颈部皮厚 1.29 毫米,背部 0.76 毫米,尻部 0.94 毫米,体侧 0.75 毫米,平均 0.78 毫米。

(7)皮板重量　测定屠宰后鲜皮重量,平均每张重量为 0.91(范围 0.66～1.16)千克,经过鞣制好的皮子,每张平均重 0.35(范围 0.25～0.50)千克。若以 7～8 张二毛皮制成一件皮统子,其重量不过 2 千克左右,因而制成成品后非常轻便。

3. 二毛裘皮的鞣制加工　滩羊二毛裘皮的鞣制加工,大型皮革厂和毛皮加工厂大多采用先进的化学方法鞣制,而在农村农户一般仍沿用旧的硝面鞣制法。

制革和制裘的首要工序,是皮胶原与鞣剂发生结合作用使生皮变性为不易腐烂之革的过程。这道工序之后,只剩下皮革中的真皮留下来进行进一步的加工。

鞣制使皮胶原多肽链之间生成交联键,增加了胶原结构的稳定性,提高了收缩温度及耐湿热稳定性,改善了抗酸、碱、酶等化学品的能力。

生皮在制革的鞣制前须经浸水、浸灰、脱毛、软化、浸酸等一系列准备工序。鞣制一般在转鼓内进行,鞣法依皮革品种不同而异。主要有铬鞣法和植物鞣法,其他还有醛鞣、油鞣、铝鞣、锆鞣、结合鞣、明矾鞣、甲醛鞣等。制裘除无浸灰脱毛工序及不采用重革鞣制方法(如植物鞣)外,其他鞣制方法可变通采用。

鞣制毛皮时,首先要将原料软化,恢复鲜皮状态,除去皮毛加工中不需要的成分(皮下组织,结缔组织,肉渣,肌膜等)。

(1)明矾鞣制法

①准备工序

浸水:对产品质量影响很大。必须严格执行操作方法。浸水的目的就是使原料皮恢复到鲜皮状态,除去部分可溶性蛋白质,除去血污,粪便等杂物。浸水的温度随原料皮的种类而定,一般以15℃～18℃为宜,如在18℃以下皮的软化慢,20℃以上细菌容易繁殖。浸水的时间,一般盐皮或盐干皮,在流水中浸泡5～6小时即可,若存放时间很长的干皮或盐干皮,应在浸泡时再加以物理或化学的方法使其软化。浸泡时间可在20～24小时。要求皮张不得露出水面,浸软,浸透,均匀一致。浸水要特别注意掌握温度以及浸水时间。利用生皮在碱性水中膨胀的原理,减少生皮浸水时间,抑制细菌繁殖,常在浸水中加入硫化钠、氢氧化钠、氢氧化铵、亚硫酸钠等。氢氧化钠的用量为0.2～0.5克/升,硫化钠用量为0.5～1克/升。

削里:将浸水软化后的毛皮。里面向上铺在半圆木上,用弓形刀刮去附着在皮面上的脂肪、残肉等,为了不伤害毛根,在刮时可在圆木上先铺一层厚布。削里与下一步的脱脂有密切的关系。若残留脂肪多不利脱脂。用弓形刀刮里面的作用还在于通过挤压,使皮里面的残存脂肪升到皮表面,利于脱脂。

脱脂及水洗:毛皮成品的好坏决定于脱脂是否彻底。在脱脂过程中,应当脱掉脂肪,又不损伤毛皮。采用皂化法较为缓和,其原理就是利用碱与油脂生成肥皂的性能,除去被毛上的油脂。若碱液过浓或利用强碱,能使毛皮的角质蛋白受到破坏,使毛失去光泽变脆。一般使用纯碱,它的碱性软弱,既能除去油脂对毛又无损害。但配制碱液的浓度也要掌握好,浓度过低也达不到脱脂的目的,产品变硬,并留有动物原有的臭味,对下一步鞣制也会带来影响,使皮僵硬而不耐用。脱脂方法:首先配制脱脂液,肥皂 3 份,碳酸钠 1 份,水 10 份,先将肥皂切片,投入水中煮开溶解,然后加入碳酸钠,溶解后放凉待用。在容器中加入湿皮重量 4～5 倍温水(38℃～40℃),再加入上述脱脂液 5%～10%(兔皮、羊皮 5%,狗皮 10%),然后投入削里的毛皮,充分搅拌,5～10 分钟后换一次液,再搅拌,直至脱去毛皮特有的油脂气味,同时脱脂液泡沫不消失为止。脱脂液也可用洗衣粉(3 克/升),纯碱(0.5 克/升)配制,使其加工液与湿皮重成 10～12 倍的比例,加温到 38℃,脱脂搅拌40 分钟,现市面的加酶洗衣粉用起来更好,1 升水 3 克洗衣粉,0.5克纯碱。按规定时间脱脂后的毛皮,应立即水洗,除去肥皂液,洗涤冲洗干净后。出皮晾干。

②鞣制工序

配制鞣液:明矾 4～5 份,食盐 3～5 份,水 100 份。先用温水将明矾溶解,然后加入剩余的水和食盐,使其混合均匀。原理:明矾溶解于水中后,产生游离硫酸,能使皮中蛋白纤维吸水膨胀。加盐的目的是抑制膨胀,但加食盐多少要依温度而定,温度低时,可少加食盐。温度高时可多加食盐一般可按 1 份明矾加 0.7～2 份食盐。

鞣制方法:料液比为 4～5:1,(湿皮重为 1 时,鞣制液 4～5)。放入容器中,使毛皮充分浸泡在料液中,为了使料液均匀渗入皮质中,要充分搅拌(最好采用转鼓),隔夜以后每天搅拌 1 次,每次搅拌 30 分钟左右,浸泡 7～10 天鞣制结束。

检查方法:是否鞣制好了,可将浸皮取出,皮板向外,毛绒向内叠折,在角部用力压尽水分,若叠折处呈现白色不明,呈绵纸状,证明鞣制结束。鞣制时水温低,不仅延长鞣制时间,而且皮质变硬,最好温度保持在 30℃左右,鞣制后内面不要用水洗,仅将毛面用水清洗一下即可。用明矾鞣制毛皮洁白而柔软,但缺乏耐水性和耐热性。

③整理工序　鞣制完成的毛皮还需以下工序。

加脂：皮中原有的脂肪已在加工中除去，为了使皮纤维周围形成脂肪薄膜保护层，提高皮的柔软性、伸屈性和强度，因此必须加脂。现举一比较简单的加脂配方供参考：蓖麻油10份，肥皂10份，水100份。将肥皂切片加水煮沸溶解，再徐徐加入蓖麻油乳化。加脂方法：将上述加脂液涂抹于半干的毛皮内面，涂布后重叠，放置1夜使其干燥。

回潮：加脂干燥后的毛皮，皮板很硬，为了便于刮软，必须在内面适当喷水，这个过程称为"回潮"。可用毛刷刷，也可用喷雾器喷内面。用明矾鞣制的毛皮，因其缺乏耐水性，最好用明矾鞣液涂布，将涂抹后的毛皮，再内面与内面叠放，用油布或塑料布包裹好，压一石块，放置1夜，使其均匀吸水，然后进行刮软。

刮软：将回潮后的毛皮，铺于半圆木上，毛面向下，用钝刀轻刮内面，使皮纤维长，面积扩大，皮板变柔软。

整形及整毛：为了使刮软后的皮板平整，需要进行整形，将毛面向下钉于木板上，进行阴干，避免阳光暴晒，充分阴干后用浮石或砂纸将面磨平，然后从钉板上取下修边。再用梳子梳毛，若破皮应缝好，这就全部完成了。

(2)**硝铝鞣制法**　在鞣制前经过分类、打毛、浸水、水洗，然后浸硝、浸酸、鞣制等过程。

①准备工序

分类：依皮板毛长短和皮板肥瘦来分类。

打毛：在于去除皮毛上的污物、尘土等。

浸水：使干皮恢复鲜皮柔软状态。

水洗：去除皮板上的脂肪及污物，一般采用烷基磺酸钠洗涤。1升水加2～3克烷基磺酸钠。水温40℃±2℃，用转鼓水洗法。

浸硝：目的使皮张更好地吸水。用水量是皮张重量的10倍，1升水加芒硝40～50克，芒硝有防腐作用，同时再加些硫酸，可起到杀菌作用,硫酸加至使溶液浓度为0.8克/千克左右。浸硝时间2天。

铲皮:去除皮板上的肉屑和油脂。注意不能损伤真皮层。

浸酸:目的在于柔软皮板。加水量是皮张重量的12～13倍,加芒硝使溶液浓度为50～55克/千克,搅匀后投入皮张。水温38℃～40℃。1.0～1.5(热天酸度要大些),浸泡2天。

②鞣制工序　为保证纤维定型。加水量是皮张重量的10倍,加芒硝使溶液浓度为50～55克/千克,加硫酸铝使溶液浓度为20克/千克,加硫酸使溶液浓度为1.0～1.5克/升,搅匀后投入皮张。pH 2.0～2.5。水初温40℃,以后每日增加2℃,经5～6天鞣制完成。以后尚需经过晒干、回潮、铲平等过程,方能裁剪缝制。

(3)硝面鞣皮法

①准备工序　将贮存的干皮经过打皮、抓毛和洗皮等过程后,进行泡酸(熟皮)。

打皮:先在被毛上喷洒少量水分,使稍潮湿,然后用木条抽打,去掉沙土和杂质。

梳毛:将打过的毛皮悬挂起来,用金属制的弯曲梳子梳抓,使毡结的羊毛充分松散,同时也抓掉少部分绒毛。

洗皮:把梳过毛的皮张放水中浸泡柔软后,取出铲去皮板上残存的肉屑和油脂,然后置于皂角溶液中,经充分洗涤后,再用清水冲洗干净。挤去水分,并抖动皮张甩掉残留水分,然后将皮毛面向上铺在地上,晾晒片刻,即可泡酸。

泡酸:将洗净的皮张投入黄米面,发酵生酸后加入皮硝(土硝、芒硝)配成的溶液中浸泡。

浸泡液的配制:黄米用水泡1、2个月,最短10～20天。黄米经水泡成白色后晒干,用时再洒些水,碾碎过筛。每张皮用黄米约375克(7.5两),加与毛皮重量相等的皮硝。

浸泡过程如下所述。

下缸——浸泡液准备妥当后,把经过洗涤的皮张按皮板厚薄分类入缸。

倒缸——下缸后要使毛皮充分受到浸泡,隔几个小时后,从第一缸倒入第二缸,以后每天翻动一次,直到出缸。

铲皮——在第二缸里浸泡 5～6 天后,取出再清除皮板上残余肉屑。

翻皮——铲除肉屑后的毛皮,夏季还需再浸泡 20 天左右,每天早、晚各翻动 1 次。冬天则需要浸泡 30 天左右,每天翻动 1 次。这样才算完成浸泡过程。

②整理工序　"熟"好的皮子还需经过如下整理工作。

晒皮:毛皮经泡酸后,取出使皮板向上晒 1 天,翻转毛面再晒 1～2 天。

回潮:在晒干的毛皮皮板上喷洒一层水,然后再一张张地叠起来,放置 1 昼夜,使它回潮。

铲皮:再用铲刀铲除皮板上残留的肉屑。

绷皮:将铲好的皮子使毛面向内,铺在木板上,然后用手轻拉伸展皮子边缘,随即用小钉沿皮板边缘钉住,再在皮板上涂一层浸泡液,随即置于阳光下晒干。晒干后取下,备作缝制用。

缝制:熟好的皮子,还需经过磨软、分类(按毛的长短、花穗类型等特点),再按尺寸大小裁剪、缝合、梳理后即成。

(二)甩　头

这种皮超过二毛标准,一般是在不正常情况下损失或宰杀的。毛长超过二毛,毛穗松散、毛尖不紧欠美观,不过保暖性较强,通常作为大衣用皮。滩羊胎皮、二毛皮和甩头皮的毛股长、皮长、皮宽分别为 4.35 厘米、8.17 厘米和 11.52 厘米,38.68 厘米、56.43 厘米和 64.23 厘米,23.36 厘米、34.49 厘米和 40.20 厘米。

二毛皮中皮板的大小、毛股长短,虽属重要条件,但主要是以毛的好坏、弯曲的多少作为二毛皮分级分等的主要标准。就其二毛皮中的现状而言,群众通常习惯上以其本身的美观和消费者的爱好与要求,根据毛花的形状和毛穗大小,一般分为"串字花"、"大花"、"卧花"、"核桃花"。有的则依花弯的多少和形状,分为"粗串字花"、"细花";有的则根据毛穗大小和毛尖形状分为"粗尖花"、"细尖花"、"尖大花"、"尖细花"以及"卧花"、"核桃花"等几种。其中以"串字花"的分类最复杂,亦为各种花弯中的比较好者,"串字花"中以"细花"或"尖细花"者为最好。

(三)老 羊 皮

老羊皮是指成年滩羊屠宰或死亡后剥取的毛皮。这类毛皮皮板厚而坚韧,毛色纯白,光泽也较其他品种绵羊为佳,是御寒的良好衣着原料。在秋季剪毛后,到11月份毛长达5.0～8.5厘米时屠宰或死亡羊只剥取的大羊皮,又称为"秋割毛皮"。"秋割毛皮"由于屠宰时羊只已经抓过秋膘,羊只膘肥体壮,毛足板结实,既可得到肥瘦相宜的羊肉又能取得优质的毛皮。"秋割毛皮"比其他羊皮的毛股长度稍短,使用较轻便,为老羊皮中较受群众欢迎的一类。

二、滩羊肉及羊奶

滩羊肉是人们的重要食品之一。滩羊肉纤维细嫩(肌纤维细度14.07微米),脂肪分布均匀,无膻腥味,肉质鲜美,是火锅涮羊肉的名贵原料。其所含主要氨基酸的种类和数量,能满足人体的需要,特别是滩羊羔羊肉具有瘦肉多、肌肉纤维细嫩、脂肪少、熟肉率高、无膻味、味美多汁、别有风味和容易消化等特点,颇受消费者欢迎。

滩羊在长年放牧不补饲的条件下,其活重可达42～45千克,日增重74.00～111.00克,胴体重19.00～22.00千克,屠宰率43.00%～49.00%,净肉(脂)17.00～19.00千克,净肉(脂)率82.00%～89.00%,肉中含水率69.00%～71.00%,脂肪中含水率1.00%。一般在秋季,周岁羯羊胴体重11.00～18.25千克,平均重13.70千克,屠宰率43.00%;2岁羯羊胴体重14.75～19.00千克,平均重16.85千克,屠宰率45.00%;3岁以上羯羊胴体重为

12.00～23.50 千克,平均重为 17.48 千克,屠宰率为 44.00％;老龄母羊可宰肉 14.00 千克左右,屠宰率为 38.00％～39.00％。在生产裘皮季节,每年要大批地宰杀二毛羔羊,每只羔羊可宰肉 5 千克左右,屠宰率为 44.00％;成年羯羊胴体重 14.66 千克,屠宰率 46.60％;淘汰母羊胴体重 11.25 千克,屠宰率 40.50％。肉骨比 3.52：1,眼肌面积 11.32 厘米^2,熟肉率 57.76％,pH 6.10。

一般河东体型大于河西,河东(灵武)公羔初生平均体重为 3.63 千克,母羔为 3.43 千克;河西(贺兰)公羔初生平均体重为 3.38 千克,母羔为 3.08 千克。体重以春乏期为最低,逐渐增加,到秋末为最高。羔羊宰杀二毛皮时平均体重公羔为 5.13 千克,母羔为 4.38 千克。羔羊生后 30 天左右宰杀二毛皮时,屠宰率为 55％,大羊秋季肥育季节屠宰率为 41.5％(放牧条件下)。羔羊断奶后体重平均为 12.5 千克,最高达 22.5 千克。

放牧饲养条件下,滩羊不同年龄肥育能力见表 4-1。

放牧条件下不同地区滩羊产肉性能情况见表 4-2。

当年滩羊羔羊肥育效果:肥育试验分两组,即试验组和对照组,试验组为放牧加补精料(0.25 千克/天、只),对照组为单纯放牧。当年滩羊羔羊肥育效果,见表 4-3。

表 4-1 滩羊不同年龄肥育能力测定结果 (单位:只、千克)

年 龄	性 别	羊 数	平均活重	平均胴体重	屠宰率	脂肪重*
当 年	羯羊	3	37.15	15.85	42.60	1.60
2 岁	羯羊	3	51.35	23.35	45.50	3.70
3 岁	羯羊	3	52.00	25.25	48.60	5.96
4 岁	羯羊	3	54.50	26.65	48.60	5.80
5 岁	羯羊	3	60.35	27.00	44.70	6.60
淘汰老羊	母羊	3	50.15	19.85	39.50	3.57

注:*脂肪重系指除尾脂以外的体脂

表 4-2　不同地区滩羊产肉性能情况　（单位：只、千克、%）

调查地点	二毛羔羊 数活（只）	二毛羔羊 体重	二毛羔羊 胴体重	二毛羔羊 屠宰率	当年生羔羊 数活（只）	当年生羔羊 体重	当年生羔羊 胴体重	当年生羔羊 屠宰率	成年羯羊 数活（只）	成年羯羊 体重	成年羯羊 胴体重	成年羯羊 屠宰率	淘汰母羊 数活（只）	淘汰母羊 体重	淘汰母羊 胴体重	淘汰母羊 屠宰率
暖泉农场	10	7.96	4.35	54.65	5	30.35	12.25	40.36	5	48.50	22.05	45.46	5	45.95	17.77	38.67
景泰等县	59	5.50	2.77	50.36	4	31.75	13.81	43.50	16	34.75	15.06	43.34	12	33.47	11.86	34.44
暖泉与景泰比较		+2.46	+1.58±4.82			-1.40	-1.56	-3.13		+13.75	+6.99±2.13	+2.13		+12.48±5.84	+5.84	+4.24

表 4-3　滩羊当年羔羊肥育增重情况

组别	测定羊数	试验天数	始重（千克）总重	始重（千克）平均数±标准差	末重（千克）总重	末重（千克）平均数±标准差	增重（千克）总重	增重（千克）平均数	平均日增重（克）
放牧＋补饲	47	60	1101.50	23.43±2.84	1385.10	29.47±2.80	283.60	6.03	100.75
放牧	10	60	234.50	23.45±2.29	279.25	27.93±3.73	44.75	4.48	74.58

饲料报酬：每增重1千克体重消耗精料2.48千克

滩羊当年羔羊产肉性能，见表4-4。

表4-4　滩羊当年羔羊屠宰率测定情况 （单位：只、千克、%）

组别	屠宰羊数	屠宰前总活重	胴体		屠宰率
			总重	平均重	
放牧＋补饲	47	1385.10	588.61	12.52	42.50
放　牧	10	279.25	112.68	11.27	40.35

滩羊当年羔羊净肉率，见表4-5。

表4-5　滩羊当年羔羊净肉率测定情况 （单位：只、千克、%）

组别	测定羊数	宰前平均体重	平均净肉重			净肉率	3～4岁羯羊与10月龄羯羊产肉比较%
			总重	内脏脂肪重	肥尾重		
放牧＋补饲	5	34.20±1.51	10.91±0.31	0.89±0.21	0.85±0.12	31.90	66.08
放　牧	5	30.35±3.17	8.71±1.38	0.53±0.31	0.55±0.19	28.70	52.76
3～4岁羯羊	5	48.80±3.21	16.51±1.76	16.51±0.33	0.95±0.32	33.83	100.00

滩羊肉的肌肉水分、蛋白质、肌肉内脂肪和灰分分别为77.13%±0.70%、18.60%±0.45%、1.83%±0.13%、1.05%±0.05%。

滩羊后腿瘦肉养分含量，见表4-6。

表4-6　滩羊后腿瘦肉养分含量 （单位：只、%）

组别	测定羔羊数	鲜羔肉中养分					绝干物中养分		
		水分	绝干物	蛋白质	脂肪	灰分	蛋白质	脂肪	灰分
1　组	2	79.52	20.48	17.82	1.62	1.04	87.01	7.91	5.08
2　组	2	77.86	22.14	19.50	1.52	1.12	88.08	6.87	5.06
放　牧	1	78.37	21.63	19.77	0.80	1.06	91.40	3.70	4.90
3　组	2	78.90	21.00	18.79	1.29	1.03	89.00	6.11	4.88
4　组	2	79.16	20.84	18.44	1.39	1.01	88.48	6.67	4.45
放　牧	1	77.81	22.19	19.37	1.80	1.07	87.07	8.11	4.82
成年羯羊	3	76.54	23.46	20.73	1.68	1.05	88.36	7.16	4.48
老母羊	3	76.71	23.30	20.58	1.66	1.06	88.33	7.12	4.55

注：1组：2岁高营养组；2组：2岁低营养组；3组：4岁高营养组；4组：4岁低营养组

滩羊肉理化性状指标,见表 4-7。

表 4-7　滩羊肉理化性状测定结果　（单位:只、%）

试验羊数	pH$_{1h}$	pH$_{24h}$	肉色	大理石花纹	失水率	熟肉率	贮藏损失
3	6.23±0.07	5.93±0.06	3.67±0.29	7.00±0.50	10.47±0.40	53.24±1.41	1.31±0.10

注:h 为小时

　　氨基酸是构成蛋白质的基本单位,肌肉中氨基酸种类和数量对肉品营养价值和肉品风味的影响很大。氨基酸和还原糖之间的迈拉德反应是肉品风味形成的重要途径之一,尤其是含硫的蛋氨酸和胱氨酸等在热降解时产生的含硫杂环化合物是肉品香味形成的重要物质(Paul and Sauthgate,1978;West et al,1977)。

　　滩羊肉的 17 种氨基酸含量,见表 4-8。

表 4-8　滩羊肉的 17 种氨基酸含量测定结果

（单位:只、毫克/100 毫克）

统计数量	人体必需氨基酸										非必需氨基酸							氨(NH$_3$)	总氨基酸	必需氨基酸	非必需氨基酸
	异亮氨酸	亮氨酸	赖氨酸	蛋氨酸	胱氨酸	苯丙氨酸	苏氨酸	缬氨酸	精氨酸	组氨酸	丙氨酸	天门冬氨酸	谷氨酸	甘氨酸	脯氨酸	丝氨酸	酪氨酸				
3	3.84	7.19	7.68	2.75	0.71	3.45	4.08	4.09	5.53	2.34	4.85	8.19	15.10	3.66	4.48	3.54	2.63	1.31	84.06	41.64	42.42

注:必需氨基酸/总氨基酸为 49.52

　　滩羊二毛期羔羊瘦肉的氨基酸组成,见表 4-9。

　　滩羊肉是滩羊生产的主要产品之一。滩羊肉肉质细嫩,风味独特,熟肉率高,是火锅涮羊肉的名贵原料,今后可将滩羊肉作为高档肉类、清真品牌肉和礼品肉销售和利用。

　　滩羊公羊到 6～7 月龄、母羊到 7～8 月龄时性成熟。适宜繁殖年龄,公羊为 2.5～6 岁,母羊为 1.5～7 岁。滩羊发情周期 17～18 天者为最多,发情持续期为 26～32 小时。妊娠期以 153 天为最多,产羔率为 101.0%～103.0%。

表 4-9　滩羊二毛期羔羊瘦肉的氨基酸组成　（单位：毫克/100 毫克）

氨基酸	舍饲组				放牧组		成年羊	
	1	2	3	4	2 岁母羊羔羊	4 岁母羊羔羊	公　羊	母　羊
天门冬氨酸	6.79	7.04	6.89	6.95	6.42	6.67	7.46	7.13
苏氨酸	3.54	3.59	3.65	3.51	3.28	3.38	3.75	3.56
丝氨酸	2.97	3.03	3.06	2.95	2.90	2.93	3.14	2.96
谷氨酸	13.09	13.46	13.05	13.08	12.20	12.48	14.49	13.60
甘氨酸	3.65	3.43	3.45	3.44	3.44	3.73	3.36	3.27
丙氨酸	4.44	4.48	4.42	4.46	4.16	4.21	4.67	4.51
胱氨酸	1.46	1.67	1.88	1.60	1.25	1.82	1.44	1.46
缬氨酸	3.80	3.88	3.91	3.78	3.64	3.66	4.09	3.95
蛋氨酸	1.98	2.04	2.00	1.81	2.04	1.89	2.19	1.90
异亮氨酸	3.32	3.45	3.49	3.31	3.45	3.17	3.63	3.43
亮氨酸	5.95	6.12	6.11	6.00	5.70	5.51	1.69	6.05
酪氨酸	2.19	2.10	2.16	2.18	2.12	2.02	2.35	2.80
苯丙氨酸	3.25	3.38	3.08	3.29	3.25	2.68	3.66	3.10
赖氨酸	5.64	5.82	5.69	5.54	5.29	5.05	1.69	5.66
组氨酸	1.81	2.26	2.12	2.06	2.03	2.11	2.37	2.11
精氨酸	4.89	4.79	4.79	4.64	4.45	4.28	4.25	4.54
色氨酸	1.40	1.02	1.23	1.30	1.12	0.94	1.13	1.12
脯氨酸	2.04	2.60	2.62	3.65	2.22	2.67	2.06	2.45
氨	0.59	0.61	0.59	0.59	0.58	0.55	0.57	0.54
总　量	72.58	74.04	74.09	74.04	69.54	69.76	77.00	73.42

　　滩羊的泌乳力，产冬羔母羊和产春羔母羊，由于分娩时期与泌乳期中的饲料条件不同，产奶量也有一定差异。在放牧不补饲情况下，测得产冬羔和产春羔滩母羊（均产单羔）泌乳量为：产冬羔母羊

在泌乳期 128 天中,泌乳总量为 40.13 千克。每日平均泌乳量为 314 毫升,最高日产量 600 毫升。产春羔母羊泌乳期平均为 94.5 天,泌乳总量 47.19 千克。平均日产奶量 499 毫升,最高日产奶 800 毫升。以产后第一个月产奶量最高(100%),第二个月为 67.93%,第三个月为 47.35%,第四个月为 40.87%,第五个月为 38.36%,以 3～6 岁母羊的泌乳量较高,7 岁母羊泌乳量最低。产冬羔母羊比产春羔母羊泌乳期多 33.3 天,而泌乳总量却少 7.06 千克。

三、滩羊毛

滩羊毛虽属粗毛类型,但羊毛纤维细长均匀,具有自然弯曲,富有光泽和弹性,是制作提花毛毯的最佳原料,为其他羊毛所不及。滩羊毛具有两型毛含量高、干死毛少、纤维细、洁白、光泽好等特点。这些品质对粗纺和毯纺都非常珍贵。因此,滩羊毛可纺织较细的制服呢和大衣呢,质量较好。尤其是用滩羊毛制成的提花毛毯,其底绒丰满,水纹整齐,光泽好、弹性强、手感柔软,色泽协调,经久耐用,畅销国内外市场,深受消费者的喜爱。

(一)产毛量

滩羊羔羊初生毛自然毛长和伸直长度均以冬羔显著长于春羔,冬羔和春羔无髓毛细度与有髓毛细度差异不明显较均匀。毛股弯曲冬羔多于春羔,二毛皮品质冬羔优于春羔,冬羔二毛皮毛股紧密、毛长、弯曲数多、穗形好,光泽亦较春羔润泽悦目。

滩羊年剪毛 2 次,分为夏毛与秋毛。一般成年公羊年剪毛量为 2.25 千克,母羊为 1.87 千克,羯羊为 2.31 千克,当年羔羊 0.6 千克,净毛率为 65.0%左右,含脂率为 4.5%～7.0%。

不同产地成年滩母羊的产毛量,见表 4-10。

表 4-10　不同产地成年滩母羊的产毛量　（单位：千克、％）

产　地	春　毛			秋　毛			年平均剪毛量
	平均数	标准差	变异系数	平均数	标准差	变异系数	
宁　夏	0.68±0.25		41.00	0.60±0.12		20.60	1.20
甘　肃	0.67±0.23		33.88	0.60±0.14		23.36	1.27

滩羊不同年龄母羊产毛量，见表 4-11。

表 4-11　滩羊不同年龄母羊产毛量　（单位：千克、％）

年　龄	春　毛			秋　毛			年平均剪毛量
	平均数	标准差	变异系数	平均数	标准差	变异系数	
1　岁	0.68±0.20		18.23	0.47±0.12		25.75	1.15
2　岁	0.73±0.23		31.23	0.62±0.14		21.63	1.35
3　岁	0.62±0.25		39.68	0.64±0.13		20.85	1.23
4　岁	0.64±0.25		39.53	1.59±0.13		20.24	1.23
5　岁	0.61±0.24		38.52	0.59±0.14		23.77	1.20
6　岁	0.60±0.25		41.83	0.58±0.13		22.45	1.18
6 岁以上	0.52±0.18		35.54	0.58±0.12		20.34	1.10

（二）被毛结构和成分

1. 被毛类型　按照结构和形态，滩羊被毛可分为 3 种。

①辫型：这种被毛群众称为穗子毛，其特征是呈典型毛辫结构，毛股长，且带波弯，两型毛含量多，这种被毛的羊二毛皮多为串字花，花穗美丽好看。

②松散型：群众称雀儿嘴，羊毛松散不成辫，密度小，有髓毛粗、硬、短，绒毛含量少，这种被毛的羊产毛量较低，但肥育效果特别好，增重快。

③绒毛型：群众称粘毛，主要由短的两型毛和绒毛组成，个别羊只肩部被毛呈毛丛结构，这种羊多含细毛羊血液。

3 种被毛在羊群中所占比例，见表 4-12。

三、滩 羊 毛

表 4-12　滩羊被毛类型统计　（单位：只、%）

产　地	统计羊数	辫　型	松散型	绒毛型
宁　夏	380	52.23	10.83	36.94
甘　肃	510	36.02	6.44	57.54
平　均	870	42.82	8.28	48.89

2. 纤维类型　滩羊被毛主要由有髓毛、两型毛和绒毛组成。个别羊只含微量干死毛（约占1.27%）。有髓毛分布在最外层，两型毛位于有髓毛和绒毛中间，绒毛生长在被毛下部。各种纤维在被毛中的比例，见表4-13。

表 4-13　成年滩羊被毛纤维类型（重量）比例　（单位：只、%）

项　目	春毛				秋毛				平　均
	公羊		母羊		公羊		母羊		
	肩部	股部	肩部	股部	肩部	股部	肩部	股部	
有髓毛	17.29	24.17	14.99	22.21	12.19	8.47	19.99	26.60	18.24
两型毛	40.38	41.92	40.67	41.85	46.91	53.29	41.86	38.15	43.21
绒　毛	42.33	33.91	44.39	35.94	40.90	38.24	38.15	34.57	38.55

从表4-13看出：①滩羊毛各种纤维类型重量比例为：有髓毛平均占18.24%，两型毛占43.21%，绒毛占38.55%。著名的西宁毛——青海藏羊毛各纤维类型比例依次为13.18%～18.60%，11.79%～36.79%，46.75%～60.51%。且含有干死毛0.29%～1.74%（陶慕菊等测）。滩羊毛中两型毛明显地高于西宁毛（藏羊毛），这一特点对制毯是非常珍贵的。②不同性别之间存在着差异。从重量比例看，春毛有髓毛公羊比母羊高，而绒毛则比母羊低。秋毛相反，有髓毛比母羊低，而两型毛和绒毛比母羊高。③不同部位之间也存在着差异。不论春、秋毛，有髓毛含量肩部大多低于股部。而绒毛则相反。④不同年龄之间存在差异。在其他条件一致的情况下，年龄变化对滩羊羊毛纤维类型比例也有一定影响。不同年龄滩羊母羊羊毛纤维重量比例，见表4-14。

表 4-14 不同年龄滩羊母羊羊毛纤维重量比例 （单位:%）

年　龄	春　毛			秋　毛		
	有髓毛	两型毛	绒毛	有髓毛	两型毛	绒毛
1 岁	21.59	40.41	38.00	4.14	55.27	30.59
2 岁	21.25	39.89	38.86	17.42	46.80	35.78
3 岁	18.24	43.00	38.76	21.38	38.99	39.63
4 岁	14.06	39.61	46.33	23.78	38.13	38.09
5 岁	17.89	43.38	38.73	21.48	45.57	32.95

由表 4-14 看出,在 4 岁前,滩羊春毛的绒毛含量随年龄有逐渐增加的趋势,到 4 岁时最高(46.33%)。4 岁以后逐渐下降。从秋毛看,有髓毛比例呈同样趋势,两型毛比例正好相反。

3. 净毛率及含脂率 滩羊羊毛净毛率春毛为 60.96% ±14.62%,秋毛为 64.46% ±9.18%。滩羊毛的净毛率较高,而且秋毛的净毛率又高于春毛。滩羊羊毛含脂率春毛污毛为1.04%±0.79%,净毛为 1.43%±1.20%;秋毛污毛为 1.33%±0.89%,净毛为 1.79% ± 1.40%;春秋毛污毛含脂率平均为 1.19% ±0.84%,净毛含脂率平均为 1.61%±1.29%。

(三)羊毛的物理特性

1. 细度 滩羊毛纤维是粗毛羊羊毛中比较细的。其中春毛有髓毛公羊为 59.45±0.25 微米,母羊为 72.27±0.17 微米,两型毛公羊为 34.02±0.17 微米,母羊为 40.14±0.09 微米,绒毛公羊为 18.34±0.11 微米,母羊为 19.97±0.05 微米;秋毛有髓毛公羊为 63.41±0.24 微米,母羊为 60.44±0.12 微米,两型毛公羊为54.12± 0.20 微米,母羊为 13.98 ± 0.12 微米,绒毛公羊为22.19±0.11 微米,母羊为 21.33±0.04 微米;二毛皮的毛纤维有髓毛平均细度为 26.60 微米,无髓毛为 17.40 微米,两者的细度差异不大。毛被纤维类型数量百分比:无髓毛占 54.00%,有髓毛占46.00%;其重量百分比:无髓毛占 15.30%,有髓毛占 84.70%。

毛纤维类型和密度与羔羊日龄有关,初生时绒毛含量少,随着日龄的增长,绒毛含量在增加。二毛裘皮保暖性良好,并且有髓毛与无髓毛比例适中,不易毡结。

各地区间滩羊春毛肩部、体侧和股部三部位平均细度差异不显著($P>0.05$)。但地区间滩羊春毛体侧平均细度差异极显著($P<0.01$),其中南梁相对于中宁、大武口、灵武、青铜峡的体侧平均细度差异极显著($P<0.01$),南梁相对于同心、盐池,贺兰相对于中宁的体侧平均细度差异显著($P<0.05$)。中宁滩羊秋毛相对于滩羊场、海原、南梁、同心、青铜峡、盐池、大武口、灵武、贺兰差异极显著($P<0.01$),黄羊滩的滩羊秋毛相对于滩羊场、青铜峡、盐池、大武口、灵武、贺兰差异极显著($P<0.01$)。1.5 岁以上滩羊秋毛地区之间差异显著($P<0.05$)。

滩羊春毛年龄之间三部位(肩部、体侧、股部)平均细度差异不显著($P<0.05$)。1.5 岁以上滩羊秋毛年龄之间的细度差异不显著($P>0.05$)。滩羊春毛的细度,股部与体侧间,肩部与体侧间差异不显著($P<0.05$),而肩部与股部间差异显著($P<0.05$)。滩羊秋毛体侧与肩部、股部间平均细度差异不显著($P>0.05$),而肩部与股部间平均细度差异显著($P<0.05$)。

滩羊羊毛细度与产毛季节及年龄有关。据测定,春毛大多比秋毛细,这与营养有关,另外随着年龄的增大,羊毛有逐渐变粗的趋势,见表 4-15。

表 4-15　滩羊羊毛细度随年龄变化情况　(单位:微米)

年　龄	有髓毛		两型毛		绒　毛	
	春毛	秋毛	春毛	秋毛	春毛	秋毛
1　岁	48.30		40.55		19.34	
2　岁	69.59	56.88	39.09	42.77	18.30	19.39
3　岁	68.71	59.80	41.80	40.15	19.97	20.39
4　岁	72.70	62.15	40.21	39.66	20.52	22.62

续表 4-15

年　龄	有髓毛		两型毛		绒　毛	
	春毛	秋毛	春毛	秋毛	春毛	秋毛
5　岁	77.73	62.91	39.91	44.05	21.21	21.88
6　岁	61.64		54.94		23.63	

　　二毛皮羔羊毛的有髓毛平均细度 26.60±7.67 微米，无髓毛为 17.37±4.36 微米；30 天左右达到宰皮标准时毛股自然长度肩部平均为 7.82 厘米，股部为 8.58 厘米，长度范围为 7.5～10.0 厘米。二毛皮羊毛纤维类型按平方厘米数量计，有髓毛占 46%，无髓毛占 54%，其数量比例为 1∶1.17。按重量计每平方厘米羊毛纤维重 0.075 8 克，其中有髓毛占 84.7%，无髓毛占 15.3%。羊毛纤维数量随羔羊日龄的增加有所增加，30 天时为 2 325.9 根/厘米^2，40 天时为 2 553.0 根/厘米^2，60 天时为 2 652.6 根/厘米^2。按单位面积内毛股数量计，测定 100 厘米^2 的面积内，平均有毛股 85.2 个，其范围为 36～169 个。成年滩羊被毛各纤维类型重量比例为：有髓毛占 18.24%，两型毛占 43.21%，绒毛占 38.55%。

　　2. 长度　滩羊羊毛毛股自然长度，公羊为 11.2(8.0～15.5) 厘米，母羊为 9.8(8.5～14.0)厘米。羊毛长度也与产毛季节及年龄有关(表 4-16)。

表 4-16　滩羊羊毛长度随年龄变化情况　（单位：厘米）

年　龄	有髓毛		两型毛		绒　毛	
	春毛	秋毛	春毛	秋毛	春毛	秋毛
1　岁	7.12		8.94		5.41	
2　岁		9.57	6.67	14.32	8.10	4.74
3　岁	7.06	8.30	13.02	8.30	8.13	5.03
4　岁	6.51	7.50	11.96	8.21	6.84	5.23
5　岁	6.53	7.56	10.88	8.19	7.51	4.54
6　岁	6.82		7.09		4.53	

从表 4-16 可看出,滩羊毛纤维较长。其中春毛公羊的有髓毛为 9.76±0.10 厘米,两型毛 16.21±0.11 厘米,绒毛 7.58±0.09 厘米,母羊的有髓毛为 7.62±0.03 厘米,两型毛 12.82±0.04 厘米,绒毛 7.58±0.03 厘米;秋毛公羊的有髓毛为 9.34±0.04 厘米,两型毛 9.43±0.03 厘米,绒毛 6.34±0.03 厘米,母羊的有髓毛为 7.30±0.02 厘米,两型毛 8.09±0.01 厘米,绒毛 4.82±0.01 厘米。从产毛季节看,春毛比秋毛长,但秋毛长度的匀度比春毛好。从年龄看,羊只在 2 岁以后,各类型纤维都有随年龄增大而有变短的趋向。

3. 白度和光泽 滩羊羊毛的白度和光泽,见表 4-17。

表 4-17 滩羊羊毛的白度和光泽

毛 样	黄色指数	红色指数	光泽指数
春 毛	13.923	0.478	80.099
秋 毛	12.482	0.325	82.131
肩 部	11.660	−0.019	83.363
股 部	14.680	0.987	80.866
上 段	16.067	1.681	76.740
下 段	11.407	−0.181	83.689

从表 4-17 看出,滩羊羊毛的黄色指数和红色指数表现为春毛大于秋毛,股部大于肩部,上段大于下段的现象,从而说明秋毛比春毛白,毛股下段比上段白。这是由于春毛生长于冬、春季节,此时羊只营养比夏、秋季节差,加之羊只在圈内逗留时间较长,以及股部羊毛和毛纤维上段接触粪尿较多,羊毛被污染所致。因此,在饲养管理上应注意。

从光泽指数看,不同毛样测试结果均比较接近,但仍可看出秋毛光泽比春毛好,肩部羊毛比股部好,毛股纤维下段光泽比上段好。这是由于秋毛生长于夏、秋季节,这时牧草营养丰富,羊只的营养充足,因而秋毛的光泽比春毛好。

按照动物纤维光泽指数范围(70～90)标准,滩羊羊毛的光泽属中上等水平,表明滩羊毛的光泽较好。

4. 强度和伸度　滩羊毛的强度见表 4-18,伸度见表 4-19。

表 4-18　滩羊毛纤维的强度　(单位:千克力/毫米)

项目	绝对强度			相对强度		
	有髓毛	两型毛	绒毛	有髓毛	两型毛	绒毛
毛样数(个)	20	20	20	20	20	20
平均数	37.01	28.65	10.49	8.54	24.39	33.52
标准差	±5.95	±6.17	±2.33	±1.70	±5.89	±8.26
变异系数	16.08	21.53	22.18	19.90	24.15	24.65

表 4-19　滩羊毛纤维伸度　(单位:只、%)

类　别		测定毛样	伸　度		
			平均数	标准差	变异系数
肩　部	有髓毛	10	31.19	±4.28	13.74
	两型毛	10	38.44	±3.41	8.37
	绒　毛	10	30.35	±9.06	29.86
股　部	有髓毛	10	36.25	±6.16	17.00
	两型毛	10	44.42	±3.15	7.98
	绒　毛	10	34.76	±8.07	23.21

5. 摩擦系数　摩擦系数与羊毛缩绒能力及纺纱捻合性关系极大。摩擦效应越大,缩绒越强,成纱性能越好。滩羊毛摩擦系数,见表 4-20。

表 4-20 滩羊毛摩擦系数 （单位:%）

纤维类型	静摩擦系数		摩擦效应
	顺向	反向	
有髓毛	0.410	0.597	18.57
两型毛	0.307	0.484	22.38
绒　毛	0.301	0.542	28.59

从表 4-20 看出,滩羊毛的反向摩擦系数效应以绒毛最大,两型毛次之,有髓毛最小。这说明绒毛的捻合性最好,有髓毛最差,两型毛居中。另外,从顺向摩擦系数看,有髓毛均比两型毛和绒毛大,表明绒毛和两型毛的鳞片表面比有髓毛的光滑。从反向摩擦系数看,其中有髓毛最大,绒毛居中,两型毛最小,这与鳞片厚度及翘角大小有关。

(四)纤维表面形乳及化学组成

1. 纤维表面形乳　从扫描电子显微镜可看到,滩羊羊毛鳞片表面虽有辉纹,但隆起较浅,所以鳞片表面比较光滑,这种现象在绒毛和两型毛上表现较明显。同时,还可看到滩羊毛鳞片比较丰厚、质地比较坚实。

2. 滩羊毛氨基酸组成和含硫量　滩羊毛氨基酸组成和含硫量,见表 4-21 至表 4-23。

表 4-21 滩羊毛氨基酸组成和含硫量　（单位:毫克/100 毫克）

名　称	含　量		名　称	含　量	
	春　毛	秋　毛		春　毛	秋　毛
天门冬氨酸	6.71	6.55	酪氨酸	5.40	4.61
苏氨酸	6.56	6.68	苯丙氨酸	3.93	3.49
丝氨酸	9.69	9.79	赖氨酸	3.26	3.21
谷氨酸	15.75	16.15	组氨酸	0.90	0.99
甘氨酸	4.75	4.39	精氨酸	9.31	9.20

续表 4-21

名　称	含　量		名　称	含　量	
	春　毛	秋　毛		春　毛	秋　毛
丙氨酸	4.09	4.03	脯氨酸	5.77	6.13
缬氨酸	5.47	5.48	色氨酸	*	*
胱氨酸	10.22	10.25	羟赖氨酸	*	*
蛋氨酸	1.01	0.94	氨	0.95	1.11
亮氨酸	8.21	8.02	含硫量	2.95	2.93
异亮氨酸	3.16	3.20			

　　从表 4-21 滩羊毛的氨基酸组成可看出,春毛和秋毛的各种氨基酸的含量差异不大,含硫量亦比较接近。

表 4-22　滩羊母羊羊毛角蛋白的氨基酸组成　(单位:毫克/100 毫克)

名　称	粗　毛		两型毛		绒　毛	
	舍饲	放牧	舍饲	放牧	舍饲	放牧
天门冬氨酸	5.02	5.07	5.94	4.56	4.28	4.44
苏氨酸	4.15	4.09	5.25	4.30	4.32	4.36
丝氨酸	6.07	6.13	7.22	6.19	6.60	6.19
谷氨酸	12.26	12.30	13.61	11.23	11.43	11.50
甘氨酸	3.19	2.91	3.44	3.10	3.12	3.60
丙氨酸	3.26	2.55	3.18	2.56	2.78	2.80
缬氨酸	3.70	3.67	4.55	3.78	3.52	3.59
蛋氨酸	0.68	0.58	0.79	0.60	0.62	0.60
异亮氨酸	2.37	2.39	2.91	2.17	2.21	2.28
亮氨酸	5.62	5.94	6.62	5.57	5.33	5.61
酪氨酸	2.93	2.49	3.19	2.71	3.03	2.78
苯丙氨酸	2.66	2.51	2.76	2.24	2.22	2.60
赖氨酸	2.38	2.43	2.74	2.14	2.28	2.28
组氨酸	0.67	0.54	0.75	0.54	0.61	0.60

续表 4-22

名　称	粗　毛		两型毛		绒　毛	
	舍饲	放牧	舍饲	放牧	舍饲	放牧
精氨酸	6.98	7.50	8.28	6.95	8.01	8.14
色氨酸	0.71	0.70	0.78	0.69	0.72	0.77
脯氨酸	3.87	4.40	5.24	4.15	3.59	3.78
胱氨酸	12.40	11.20	14.40	15.00	14.90	15.00
氨	0.87	0.95	1.04	1.03	0.83	0.88
总　量	79.79	78.33	92.69	79.51	79.90	81.80
含硫量	3.45	3.11	4.01	4.13	4.11	4.13

表 4-23　滩羊二毛羔羊羊毛的氨基酸组成　（单位:毫克/100 毫克）

名　称	舍饲组	放牧组
天门冬氨酸	5.88	5.65
苏氨酸	4.69	4.58
丝氨酸	6.56	6.66
谷氨酸	13.10	12.24
甘氨酸	3.04	3.19
丙氨酸	3.02	3.36
缬氨酸	3.92	4.06
蛋氨酸	0.70	0.48
异亮氨酸	2.57	2.51
亮氨酸	5.99	6.27
酪氨酸	3.29	2.94
苯丙氨酸	2.73	2.74
赖氨酸	2.78	2.69
组氨酸	0.75	0.75
精氨酸	9.25	6.42

续表 4-23

名　称	舍饲组	放牧组
色氨酸	0.80	0.78
脯氨酸	4.08	3.68
胱氨酸	17.50	15.30
氨	0.89	0.93
含硫量	4.82	4.19

滩羊毛是滩羊产区的重要资源,是制作提花毛毯、壁毯等高档商品的珍贵原料,发挥滩羊毛品质优良特性,是提高滩羊经济效益的一个重要途径。但目前收购价格很低,对开发利用这一资源极为不利,因此建议物价、外贸和毛纺加工部门及时给予调整和加工利用。

四、滩羊二毛皮花穗的分类方法

在滩羊本品种选育工作中,当对羔羊和二毛皮进行品质鉴定时,关于花穗的概念及其分类的方法,以往在群众中,各地对花穗的分类方法和名称常有不同。名称既不统一,分类又无切实的原则,常造成一些概念上的混乱。经过养羊专家多年的实践、部分室内分析的结果以及结合群众的经验,归纳出了花穗的概念、花形与毛型、花穗的分类,供大家在对滩羊羔羊和二毛皮进行品质鉴定时参考,以利于开展选育工作。

(一)花穗的概念

"花穗"一词的叫法,最初来自群众。我们认为这种叫法能够概括出滩羊二毛皮的综合性状。其含义是:在毛股的上部具有一定的花形,毛股的下部又具有一定的毛型比例。花穗有别于羔皮的"花卷"、"花纹"等概念。滩羊二毛皮是介于羔皮和大羊裘皮之间的一种羔羊裘皮。其毛股上部具有羔皮所具备的特征——有一定的花形,如"平波形"、"螺旋形"等。毛股的下部具有一定的毛型比例,含有一定数量的绒毛,显然比羔皮保暖性好,这是裘皮的主要特征。

花穗的概念主要包括两方面的内容,即花形与毛型比例。花形主要决定花穗的悦目品质,毛型主要决定保暖性能。因此,偏于美观的二毛皮(串字花花穗),一般保暖性较差;偏于保暖的二毛皮(软大花花穗),一般是欠美观的。所以,在对花穗进行鉴别和分类之前,必须对花穗的概念有一个明确的认识。

(二)花形与毛型

花形:滩羊二毛皮的花形,可分为两大类:平波形和不规则形。

平波形——这是滩羊的品种型要求,即毛股上部具有弧度均匀的波形弯曲,且常以其各个波纹在同一平面上排列和延伸为其特点。

平波状花形,按其弯曲的深浅和弯曲波长的不同,又可分为浅长弯、半圆弯和小弯等3类。其顶端的开口形状,也有闭合(圆形)和不闭合(半圆形)之分,但顶端不能是螺旋形的。

平波状花形,依其毛股的粗细,又可分为粗大的、中等的和细小的3类。毛股的粗大或细小,主要由毛股中毛纤维的根数及其结构的紧实程度决定的,一般粗大的毛股含毛纤维数有2 000~3 000根;中等粗细的毛股有毛纤维1 000~2 000根;细小的毛股有毛纤维600~1 000根。毛股的粗细也是对三种主要花穗进行分类的依据之一。

平波状的花穗,由于弯曲规律、整齐,各花穗弯曲的大小、方向和彼此排列较为一致,不紊乱,故可形成花案。以河西的银北贺兰一带花案清晰,河东和甘肃地区因花穗常有扭转,弯曲不够整齐,故花案一般稍差。

凡属滩羊正常的花穗(三大主要花穗:串字花、小串字花、软大花)都必须是平波状的花形。

不规则形——凡不能归于平波状花形者,均归入不规则形。

如螺旋形(笔筒花)、钉字花、头顶一枝花等均是。它们大多是平波状花形的各种不规则的变形,不符合品种要求,花案紊乱,因此不是选留的对象。

毛型:滩羊二毛皮的被毛中,有髓毛极少,主要为两种毛纤维所组成,即两型毛和绒毛(无髓毛)。这两种毛纤维在毛股中的数量比例,一般绒毛为30%~60%,两型毛为70%。变异范围比较大。绒毛的长度一般为2~4厘米,即占毛股长度的1/4~1/2。

毛股中绒毛含量的多少及其长度,不仅是决定二毛裘皮保暖性能的重要因素,而且对花穗的形态组成也有很大的关系。绒毛含量少而且短,有助于形成毛股纤维,结构紧密的花穗;绒毛含量多而长,则易形成毛股粗、根部大、结构疏松的花穗。

(三)花穗的分类

凡属平波状花形者,进行花穗的鉴定和分类;凡属不规则花形者,均不再进行分类和定名,统称为"不规则花穗"。

花穗为平波的花穗,主要根据其毛型比例;此外,还考虑其毛股的粗细,从而分出三大类花形。凡属平波状花形的花穗,均需属于此三大类花穗之一。

三类花穗的划分如下。

1. 小串字花穗或绿豆丝　平波状花形,绒毛含量最少(一般为30%~40%),绒毛较短,且毛股较细(一般为0.2~0.4厘米),而结构紧密。此类花穗为过度纤细发育的类型,为数极少。

2. 串字花花穗　平波状花形,绒毛含量适中(50%左右),毛股下部无显著增大或稍有增大现象。绒毛长度适中,毛股的粗细也适中(一般为0.4~0.6厘米),河西贺兰山一带最常见。

3. 软大花花穗　平波状花形,绒毛含量多(60%以上),致使毛股下半部显著增大,毛密度较大,毛股粗(一般为0.6厘米以上)。此类花穗在河东山区常见。

五、影响二毛皮品质和老羊皮品质的因素

影响滩羊二毛皮品质的因素很多,特别是花穗的遗传规律还需进一步研究。

(一)遗传因素

滩羊二毛羔羊个体之间花穗的变异是普遍存在的。个体变异是群体变异的基础,这是滩羊本品种选育的基本材料。滩羊二毛裘皮花穗,是一种遗传性状。在滩羊中,有些羊生产的羔皮为串字花,有些羊生产的羔皮为软大花,用优良花穗的公、母羊进行交配,可以巩固其优点。用优良花穗公羊与花穗不规则或毛质差的母羊交配,可以改进裘皮品质。例如,用串字花公羊配串字花母羊,软大花公羊配软大花母羊,可巩固各自原有的优点。用串字花和小串字花公羊配不规则花穗的母羊,都能有效的提高优良花穗比例或后代毛股的弯曲数。其中以小串字花改良不规则花穗母羊的效果最好,其后代中,串字花占 75.81％ 较串字花公羊后代高21.61％;而不规则花穗的比例较串字花公羊后代少 8.73％。这主要是小串字花弯曲数较多,从而能使后代优良花穗比例增高。因此,在滩羊二毛皮生产和品种选育工作中,应把挑选优良花穗公羊作为滩羊选育的第一步,主要通过本品种选育或采取品系间杂交的途径来提高二毛裘皮的品质。

(二)自然生态条件

滩羊二毛裘皮是滩羊在我国特殊生态条件下经过长期自然选择和人工选择形成的产物。滩羊二毛皮品质与滩羊所处的生态环境密切相关,气候、土壤、植被(草场类型)等因素综合对滩羊产生作用。年降水量在 240 毫米,≥10℃的年活动积温在 2 900℃～3 300℃,棕钙土与灰钙土广泛分布的荒漠草原是滩羊最适宜的生态环境。在滩羊产区的宁夏,二毛皮品质以靠近贺兰山东麓地区的为最好,如以各地二毛皮毛股弯曲衡量,优良产区的平均每个毛

股有弯曲 6.45(4～9)个,盐池县为 5.63(4～9)个,同心县为 5.49 (4～9)个。毛质亦有不同,优良产区羊只与一般产区相比,羊毛密度较大,单位面积内纤维重量稍高,但皮张面积则较小。所以,滩羊只有在气候适宜,地属温湿性干旱或荒漠草原;植被稀疏,牧草矿物质含量丰富,蛋白质含量高而粗纤维含量低;放牧区地势平坦、土质坚硬;干旱少雨,空气湿度低,年积温高;饮水中含一定量的碳酸盐和硫酸盐成分,矿化度高,水质偏碱性的环境条件中才能正常生息繁衍和保持二毛皮的美丽花穗特有品质。滩羊若离开其特定的生存环境,其二毛皮优良花穗基本消失。

(三)饲养管理

丰富均衡的营养水平,能使二毛皮面积增大,皮板致密结实,弹性好,光泽良好,品质好。但不同的饲养水平对滩羊尤为重要,它对母羊的膘情、对胎儿发育、羔皮品质和羔羊的生长都有着直接的影响,而这种影响将在羔羊的初生重、体质类型和二毛皮品质等方面表现出来。研究结果表明,丰富而均衡的饲养,二毛皮品质较好,其花穗发育完全,被毛有足够的油汗,良好的丝性和光泽,优等花穗的比例较大。滩羊母羊妊娠期饲养条件,对羔羊二毛皮品质产生影响,主要表现在妊娠后期母羊体重变化曲线的起伏情况,而与妊娠期内各阶段体重的绝对数大小关系不大。

滩羊母羊在妊娠期各阶段的饲养,需要营养状况逐月提高。但到妊娠后期(最后 2 个月内)是胎儿和胎毛迅速发育的阶段,母羊不宜饲养过度,其体重保持在妊娠第三个月时的水平,并在妊娠最后 1 个月内体重稍有下降。所以,饲养滩羊地区,秋季应很好地组织羊群抓膘,使妊娠母羊在第三个月内达到全年营养最高水平。如有条件补饲者,宜在分娩后的哺乳阶段内补饲。

(四)产羔季节

不同产羔季节对二毛裘皮质量的影响非常明显。滩羊产冬羔和产春羔的二毛皮品质差异很大。滩羊的配种一般分两个阶段进行,在 8 月上旬至 9 月下旬配种的,翌年 1～2 月份产羔,称"冬羔";在 11 月初至 12 月中旬配种的,翌年 4～5 月份产羔,称"春羔"。多年的实践证明:滩羊产羔季节以冬季较好,这对母羊抓膘、羔羊发育和二毛皮品质均有良好的影响。一般以冬季所生羔羊初生毛股自然长度较长(4.86 厘米),伸直长度 6.66 厘米;弯曲数较多,毛股弯曲数一般比春羔多 1～2 个;花穗类型"串字花"占 75.0%,"软大花"占 25.0%;冬羔羊毛密度较密,二毛皮大多皮厚而致密,毛股紧实;冬羔皮洁白光润;冬羔二毛皮面积平均为 2 162 厘米²,重量平均为 0.51 千克。这主要与母羊妊娠后期膘情尚好有关。而春羔初生毛股自然长度稍短(4.64 厘米),伸直长度 6.05 厘米;弯曲数也略少于冬羔。花穗类型串字花占 64.7%,软大花占 35.3%;春羔羊毛密度较稀,毛股结构也较松散,春羔皮光泽不及冬羔润泽悦目;春羔皮色泽多灰暗、干燥。春羔二毛皮虽皮张面积较大(2 365 厘米²),重量平均为 0.53 千克;春羔二毛皮的面积和重量虽然较大,但二毛皮大多皮板薄,皮板伸张力较小,缺乏弹性,初生时毛短、毛稀,光泽亦差,因母羊妊娠后期营养状况较差;而冬羔二毛皮的面积和重量虽小一点,但皮板致密,富弹性,伸张力较大。因而从综合品质观察,以冬季所产二毛皮品质较佳。可认为,滩羊产羔季节以冬季较好。

(五)屠宰年龄

滩羊二毛羔羊的屠宰年龄与二毛皮的品质即皮板面积、花穗清晰度、美观及毛纤维长度和毛股长度都有密切关系。滩羊二毛皮是羔羊在出生后 1 月龄左右,其毛股自然长度达 8 厘米时屠宰剥取的二毛皮品质最好。如过早宰杀,毛股较短,绒毛较少,保暖性差;超过屠宰日龄则绒毛含量增多,花穗变松散,影响美观。

(六)贮存、晾晒和保管

晒制毛皮的目的是保证毛皮在鞣制前避免腐烂。由于二毛裘皮富含蛋白质,具有较多的油脂,尤其是生皮,容易吸收水气而受潮霉烂,易引起虫蛀和招惹鼠咬而被破坏,或受热焖皮而皮层脂肪被分解,皮板变干发硬等。因此,在贮存保管中应力求放置在阴凉、干燥和通风的地方。不同的加工、晾晒方法,对宰后的二毛裘皮品质也有一定影响。大多数加工方法其主要目的是脱水,包括空气干燥、盐腌和轻度冷冻。盐腌,并任其自然收缩和干燥的方法,简单易行,便于推广,但皮板收缩程度大,在一定程度上造成优良毛卷结构的破坏,清晰度变差,影响到二毛裘皮品质。淡干板则收缩程度小,对毛卷结构的影响也小,皮板薄而清洁,外形整齐、美观。

另外,母羊的年龄对羔羊二毛皮品质也有一定的影响。一般2岁初产母羊所生羔羊的二毛皮品质不够理想,滩羊为晚熟品种,随着母羊年龄的增加所产羔羊各项品质均稍有提高,在5.5岁以前所产羔羊品质有逐年提高的趋势,到5.5岁时所产羔羊品质最佳。所以,2岁初产母羊所生羔羊以不留种为宜;而应多从4~5岁母羊(3.5~4.5岁时授配)所产的羔羊中选留。母羊羊毛品质与羔羊二毛裘皮品质也有一定的关系,母羊一般以有髓毛较细和较长,粗细毛比例适当,并在毛股上部形成毛辫状结构的体质结实的母羊所产羔羊品质较理想。母羊毛丛中绒毛含量过多,所生羔羊毛股松散易擀毡,母羊有髓毛过于粗短或体质粗糙,有死毛者,所生羔羊初生毛较短,弯曲数也少,且干燥,光泽不足。因此,在选育工作中,除着重于羔羊时期的品质鉴定外,羊只成年后,也应根据体质、发育,特别是被毛品质进行补充鉴定,最好在4月份剪毛前进行。

第五章　滩羊的繁殖

饲养滩羊的主要目的,是在努力增加数量的同时,积极提高滩羊的质量,以便生产更多、更好的产品来满足人民生活日益提高和社会主义市场经济发展的需要。要想达到这个目的,必须通过羊的繁殖才能实现。因此,掌握好滩羊的繁殖技术,搞好滩羊的繁殖工作,是饲养滩羊不可忽视的重要环节。

滩羊在繁殖性能上表现为晚熟晚育,母羊1岁体重仅相当于成年体重的55%左右,2岁时为60%~80%,母羔到1.5岁甚至2.5岁才能发情配种,成年母羊1年1胎,大多数每胎单羔,双羔率在草场较好的年份仅1%~3%,灾年发情季节推迟,甚至不发情而造成空怀。

一、性成熟和初配年龄

性成熟是指性生理功能成熟,以出现性行为及产生成熟的生殖细胞和性激素作为标志。公羊进入性成熟的具体表现是性兴奋,求偶交配,常有口唇上翘舌唇互相拍打行为,发出鸣叫声,前蹄刨踢地面,嗅闻母羊外阴、后躯。公羔出生后1~2个月即有性行为,发育到5~8月龄,睾丸内即能产生成熟的精子。滩羊公羔到6~7月龄,母羔到7~8月龄时达到性成熟。如果此时将公、母羊相互交配,即能受胎。但要指出:公、母羊达到性成熟时并不意味着可以配种,因为羊只刚达到性成熟时,其身体并未达到充分发育的程度,如果这时进行配种,就可能影响它本身和胎儿的生长发育,因此,公、母羔到4月龄断奶时,一定要分群管理,以避免偷配。滩羊的初次配种年龄一般在1.5岁左右,但也受饲养管理条件的制约。凡是草原或饲草料条件良好、羊只生长发育较好的地区,初次配种都在 1.5 岁，而草原或饲草料条件较差、羊只生长发育不良的地区，初次配种年龄往往推迟到 2 岁后进行。在正常情况下，滩羊比较适宜的繁殖年龄，公羊为 2.5～6 岁，母羊为 1.5～7 岁。成年母羊一般每年都在秋季进行配种。繁殖的终止年龄，营养好的可达 7 岁到 8 岁，一般到 7 岁以后，羊只的繁殖能力就逐渐衰退。

二、发　情

发情是指母羊性成熟后所表现的一种有周期性的性活动现象。母羊发情时的外在表现是：不断摆尾、鸣叫、频频排尿，外阴充血潮红，柔软而松弛，阴道黏膜充血并有黏液流出，子宫颈开放；子宫蠕动增多，输卵管的蠕动、分泌和上皮黏毛的波动也增强。发情时愿意接近公羊，并接受公羊爬跨交配，反应敏感。排卵以后，性欲逐渐减弱，到性欲结束后，母羊则拒绝公羊接近和爬跨。母羊从出现发情症状至发情结束所持续的时间为发情持续期，滩羊发情持续期为 1～2 天，而以 30 小时（26～32 小时）左右为最普遍。由上一次发情开始到下一次发情开始的期间，称为发情周期。滩羊的发情周期一般为 17～18 天。而 2～5 月份则完全停止发情，称为"乏情期"。

三、配　种

滩羊的繁殖季节（亦称配种季节）是经长期的自然选择逐渐演化而形成的，主要决定因素是分娩时的环境条件要有利于初生羔羊的存活。滩羊的繁殖季节，因纬度、气温、品种遗传性、营养状况等而有差异。滩羊产区纬度较高，四季分明，夏秋季短，冬春漫长，气候干旱，天然牧草稀疏低矮，草种较单纯，枯草期长，四季供应极不平衡。因此，滩羊表现为季节性发情。据观察，滩羊一般在每年 7 月份开始发情，母羊发情旺季在 8 月初至 9 月中旬，占母羊总数的 70%～80%。

(一)配种方法

滩羊配种主要有两种:一种是自然交配,另一种是人工授精。自然交配又称本交。自然交配又分为自由交配和人工辅助交配。自由交配是按一定公、母比例,将公羊和母羊同群放牧饲养或同圈喂养,一般公、母比为 1:15~20,最多 1:30。母羊发情时与同群的公羊进行交配。这种方法又叫群体本交。群放自交时,使公、母羊在配种季节内合群放牧或同圈饲养,让公羊自行去找发情母羊,自由交配。为了避免 3 月份青黄不接期间产羔对母羊不利,到 9 月以后就停止配种,隔 1 个多月后的 11 月份再继续配种,直到 12 月底结束。但自然交配有许多缺点,由于公、母羊混群放牧或饲喂,在繁殖季节,公羊在一天中追逐发情母羊,故影响羊群的采食抓膘,而且公羊的体力消耗也很大;无法了解后代的血缘关系;不能进行有效的选种选配;另外,由于不知道母羊配种的确切时间,因而无法推测母羊的产羔时间,同时由于母羊产羔时期延长,所产羔羊年龄大小不一,从而给羔羊鉴定和管理等工作造成困难。

为了克服自然交配的缺点,但又不能开展人工授精时,可采用人工辅助交配法。即在平时将公、母羊分群放牧或饲喂,到配种季节每天对母羊进行试情,把发情母羊挑选出来与指定的公羊进行交配。采用这种方法公、母羊在繁殖季节互相不干扰影响抓膘;同时,可以准确登记公、母羊的耳号及配种日期,这样可以预测产羔日期,减少公羊体力消耗,提高受配母羊数,集中产羔,缩短产羔期配种。还可知道后代血缘关系,以便进行有效的选种选配工作。

人工授精是指通过人为的方法,用器械采集公羊精液,经过精液品质检查和稀释的处理后输入到母羊的子宫内,使卵子受精以繁衍后代,它是最先进的配种方式。其主要优点:一是可扩大优良种公羊的利用率。在自然交配时,公羊交配 1 次只能配 1 只母羊,而采用人工授精的方法,公羊采 1 次精,经稀释后可供几十只母羊授精使其妊娠;二是可以提高母羊的受胎率。采用人工授精方法,可将精液完全输入到母羊的子宫颈或子宫颈口,加快了精子与卵子结合时间,提高了妊娠的机率;三是可有效地防止公、母羊交配时生殖器官直接接触引起的疾病传播;四是可提供可靠的配种记录,对羊群的选种选配以及产羔都非常有利。

依据滩羊产区的草况、气候情况,在8~9月份及11月份配种是适当的,因为经过跑青期,羊吃饱了营养丰富的青草。这时期母羊膘肥体壮,发情整齐,公羊精力充沛,性欲旺盛,这时进行配种,于翌年1~2月份及4月份期间产羔。9月份以前配种所产的羔羊称"冬羔"或"早羔";11月份以后配种所产的羔羊称"春羔"或"热羔"。生产实践证明:一般冬羔越冬期的发育和裘皮品质比春羔好,故应多产冬羔,少产春羔。冬、春两季产羔比例大体可按4:1掌握。如果放牧和饲料条件好,则产冬羔数可多些;反之,若遇春季干旱,牧草生长不良,到翌年产春羔的比例就自然增大。

据对2 572只母羊发情统计,秋季配种的占80.49%,而10月份以后配种的占19.51%。受胎率平均为96.99%,范围94.62%~98.71%。羔羊成活率冬羔平均为95%左右,春羔平均为86%左右。群放自交时,公、母羊长年合群放牧,在配种季节,让公羊自行去找发情母羊,自由交配。人工辅助交配,公、母羊分群饲养,在配种季节,将公羊按配种计划放入母羊群进行配种。一般按公、母1:30的比例配备公羊,俗话说:"十母一公,必定早羔"。滩羊的发情规律和羊只四季营养状况的变化规律相吻合。在滩羊产区,牧草一般在4月下旬萌发,5月份羊只吃上青草,膘情迅速恢复,7月份出现发情,8~9月份秋高气爽,气温渐凉,光照由长变短,羊只膘肥体壮,母羊健壮,发情旺盛达到高潮,公羊精力充足,这时进行配种,于翌年1~2月份及4月份期间产羔。在滩羊产区,一般10月份以后即进入枯草期,11月中旬后,羊只体重开始下降,从12月份至翌年4月份,随着天然草场枯草蓄积量的日渐耗尽,羊只体重逐月减少,4月份降到最低值,体重减少1/3

左右,甚至引起死亡。说明营养条件和光照长短对滩羊繁殖影响较大。滩羊在舍饲条件下,草料供给充足和营养水平好的情况下,母羊长年可表现发情,用激素注射法可实现一年两产和两年三产,使母羊生产性能、繁殖性能和羔羊各项品质大大提高。据测定:舍饲母羊泌乳量(产后第 30 天的泌乳量)比放牧组增加 1.87 倍,乳汁中干物质含量提高 58%,舍饲组冬羔在够二毛时缩短 4.5 天,体重提高 350.6%,优良花穗分布面积增加 21.73%,一、二级羔羊比例提高 33.81%,二毛羔羊宰肉量增加 73.00% 至 1 倍。皮板面积增大 19.00%~49.00%。冬羔 35.60 天屠宰,平均体重 10.31±1.62 千克,胴体重 6.22±1.37 千克,皮板面积 3 574.00±271.00 厘米^2。

(二)配种时期的选择

滩羊配种时期的选择,主要是根据什么产羔时期产羔最有利于羔羊的成活和母子健壮来决定。产冬羔的主要优点是:母羊在妊娠期,由于营养条件比较好,所以羔羊初生重大,在羔羊断奶以后就能吃上青草,在宁夏地区羔羊断奶后冬羔有 4 个月的青草期,因而生长发育快,第一年的越冬度春能力强;由于产羔季节气候比较寒冷,因而肠炎和羔羊痢疾等疾病的发病率比春羔低,故羔羊成活率比较高;滩羊冬羔的初生毛股自然长度、伸直长度及剪毛量比春羔高。冬羔二毛皮毛股紧密、弯曲数比春羔多,"串字花"穗型以冬羔显著较多,"软大花"则以春羔较多。冬羔皮洁白光润,而春羔皮色泽多暗淡、干燥。冬羔皮板致密,富弹性,皮张的伸张力大,毛较密保暖。但在冬季产羔必须贮备足够的饲草饲料和准备保温良好的羊舍,同时。配备的劳力也要比春羔多,如果不具备上述条件,产冬羔也会有很大损失。滩羊产春羔时,气候已开始转暖,因而对羊舍的要求不严格;同时,牧草萌发,由于母羊在哺乳前期已能吃上青草,使母羊分泌较多的乳汁哺乳羔羊,但产春羔的主要缺点是母羊在整个妊娠期都处在饲草饲料不足、营养水平最差的阶段,由于母羊营养不良,造成胎儿的个体发育不好,产后初生重比较小,体质弱,春羔皮伸张力小,缺乏弹性、毛较稀、易松散、光泽差。这样的羔羊,虽经夏、秋季节的放牧能获得一些补偿,但紧接着冬季到来,这样的羔羊比较难于越冬度春;滩羊春羔在第二年剪毛时,无论剪毛量,还是体重,都比冬羔低。另外,由于春羔断奶时已是秋季,牧草开始枯黄,营养价值降低,特别是在草场不好的地区,对断奶后母羊的抓膘、母羊的发情配种及当年的越冬度春都有不利的影响。

综上所述,我们认为滩羊以 8～9 月份配种,翌年 1～2 月份产羔较好,对母羊抓膘、羔羊生长发育和二毛皮品质均有良好影响。

(三)人工授精的组织和技术

1. 人工授精站的选建　人工授精站一般应选择在母羊群集中、草场充足或饲草饲料资源丰富、有水源、交通便利、无传染病、背风向阳和排水良好的地方建人工授精站。人工授精站需建采精室、精液处理室和输精室以及种公羊圈、试情公羊圈、发情母羊圈和已配母羊圈等。采精室、精液处理室和输精室要求光线充足、地面平坦坚硬(最好是砖地),通风干燥。并且互相连接,以便于工作。面积:采精室 8～12 米^2,精液处理室 8～12 米^2,输精室 20 米^2。

2. 器械药品的准备　人工授精所需的各种器械,如假阴道外壳、内胎,集精杯,输精器,开腟器,温度计、显微镜、载玻片、盖玻片,干燥箱(消毒用)等,以及采精、精液品质检查、原精液稀释和输精器械所用的药品或消毒液等,要根据授精站的配种任务做好充分的准备。

3. 公羊的准备　配种前 1.0～1.5 个月,对参加人工授精所用种公羊的精液品质必须进行检查。其目的:一是掌握采精量,了解精子密度和活力等情况,发现问题及时采取措施;二是排除公羊生殖器中积存的衰老、死亡和质量低劣的精子,通过采精增强公羊的性欲,促进其性功能活动,产生品质新鲜的精液。配种开始前,每只种公羊至少要采精 15 次以上。采精最初几天可每天采精 1 次,以后每隔 1 天采精 1 次。对初次参加配种的公羊,在配种前 1 个月左右进行调教。调教办法是:让初配公羊在采精室与发情母羊本交几次;把发情母羊的阴道分泌物涂在公羊鼻尖上以刺激其性欲;注射丙酸睾酮,每只公羊每次 1 毫升,隔日注射 1 次;每天用温水清洗阴囊,擦干后用手轻轻按摩睾丸 10 分钟,早、晚各 1 次;成年公羊采精时,让调教公羊在旁边"观摩";配种前 1.0～1.5 个月,在公羊饲料中添加维生素 E,同时对舍饲的公羊要加强运动。

由于母羊的发情征状不明显,且发情持续期短,因而不易被发现,在进行人工授精时,必须用试情公羊每天从羊群中找出发情母羊适时进行输精。选作试情公羊的个体必须是体质结实,健康无病,性欲旺盛,行动敏捷,年龄在 2～5 岁。试情公羊数一般按参加配种母羊数的 2%～4% 选留。

4. 母羊的准备　凡进行人工授精的母羊,在配种季节来临前,要根据配种计划把母羊单独组群,指定专人管理,禁止公、母羊混群,防止偷配。在配种前和配种期,要加强放牧管理或加强饲喂,使母羊达到满膘配种,这样母羊才能发情整齐,将来产羔也整齐,便于管理。因此,母羊配种前的膘情好坏对其发情和配种影响很大。在配种前 1 周左右,母羊群应进入授精站附近草场,准备配种。

5. 试情　试情应在每天早、晚各 1 次,试情前在公羊腹下系上试情布,然后将公羊放入母羊群中进行,公羊用鼻去嗅母羊外阴部,或用蹄去挑逗母羊,甚至爬跨母羊,凡愿意接近公羊,并接受公羊爬跨的母羊即认为是发情羊,应及时将其捉拉出送进发情母羊圈中,并涂上染料。待试情结束后进行输精。有的初次配种的处女羊发情征状表现不明显,虽然有时接近公羊,但又拒绝接受爬跨,遇到这种情况也应将其捉出,然后进行阴道检查来确定。在试情时,要始终保持安静,仔细观察,准确发现母羊,及时挑出发情母羊,禁止惊扰羊群。每次试情时间为 1 小时左右,试情次数以早、晚各 1 次为宜。也有早晨只试 1 次的。关键是每日试情要早(早晨 6 时),做到抓膘试情两不误。

6. 采　精

(1)消毒　凡采精、输精及与精液接触的所有器械,都必须洗净、干燥,然后按器械的性质、种类分别包装,进行严格的消毒。消毒时,除不易或不能放入高压蒸汽消毒锅(或蒸笼)的金属器械、塑料制品和胶质的假阴道内胎以外,一般都应尽量采用蒸汽消毒。集精瓶、输精器、玻璃棒、存放稀释液和生理盐水的玻璃器皿和凡士林应经过 30 分钟的蒸汽消毒(或煮沸),用前再用生理盐水冲洗数次。金属开膣器、镊子、瓷磁盘等用酒精或酒精火焰消毒,用前再用生理盐水棉球擦洗 3～4 次。有条件的地区多用干燥箱消毒。金属器械用 2％～3％碳酸钠或 0.1％新洁尔灭溶液清洗,再用清水冲洗数次,擦干,用酒精或酒精火焰进行消毒。

(2)假阴道的准备　先检查内胎有无损坏和沙眼,将好的能用的假阴道内胎放入开水中浸泡 3～5 分钟。新内胎或长期未用的内胎用前先用热肥皂水洗净擦干,然后安装。安装时先把内胎放入外壳内,并将内胎光面朝内,再将内胎两端翻套在外壳上,所套内胎松紧适度,然后在两端套上橡皮圈固定。内胎套好后用 70％～75％酒精棉球从内向外旋转消毒 3～4 次,待酒精挥发完再用 0.9％生理盐水棉球反复擦拭、晾干待用。采精前将消毒好的集精杯安装在假阴道的一端。用左手握住假阴道的中部,右手用量杯或瓷缸将 50℃～55℃热水从灌水口灌入约 180 毫升或约为外壳与内胎间容量的 1/2～2/3,实践中常以竖立假阴道时水量达灌水口即可。装上气嘴,关闭活塞。然后用消毒过的玻璃棒(或温度计)取少许消毒过的凡士林,由外向内均匀地涂一薄层,涂抹深度为假阴道长度的 1/3～1/2 为宜。凡士林涂好后,从气嘴吹气,用已消毒的温度计测假阴道内的温度,将温度调整到 40℃～42℃时吹气加压,增加弹性,调整压力,使假阴道口呈三角形裂隙为宜,再把气门钮关上。用已消毒的纱布盖好阴茎插入口,准备采精。

(3)采精方法 采精时采精人员右手横握假阴道,用食指固定好集精杯,并将气嘴活塞向下,使假阴道和地面呈 $35°\sim45°$ 的角度蹲在母羊或台羊右侧后方,当公羊爬跨母羊伸出阴茎时,用左手轻轻托住阴茎包皮迅速将阴茎导入假阴道内,切忌手或假阴道碰撞摩擦到阴茎上。当假阴道内的温度、压力和润滑度适宜,公羊后躯用力向前一冲,即已射精。在公羊从母羊身上滑下时,采精人员顺着公羊的动作,随后移下假阴道,并迅速将假阴道的集精杯一端向下竖起,然后打开活塞放气,取下集精杯,盖上盖子送精液处理室检查。

采精结束后,先将假阴道内的水倒尽,放在热肥皂水盆中浸泡上,待输精结束后一起清洗。

7. 精液品质检查 精液检查用肉眼、嗅觉和显微镜进行。用肉眼和嗅觉主要是检查精液量和精液的颜色及气味;用显微镜主要检查精子的密度和活力。

(1)射精量 精液采取后,如集精杯上有刻度,可直接观察;若集精杯上无刻度,可用 $1\sim2$ 毫升的移液管吸量精液量。一般公羊每次排精量约为 1 毫升,但有些成年公羊达 2 毫升或更多。

(2)色泽 正常的精液为乳白色,如精液呈浅灰色,表明精子少;深黄色表明精液中混有尿液;粉红色或浅红色表明有血液,可能是生殖道有新的损伤;红褐色表明生殖道深度旧损伤;浅绿色表明有脓液混入;如精液中有絮状物表明精液囊有炎症。如有异常颜色,应查找原因,及时采取措施纠正。

(3)气味 正常精液的气味有一种特有的土腥味。如发现精液有臭味,表明睾丸、附睾或其他附属生殖腺有化脓性炎症。这类精液不可用来输精,应对公羊进行治疗。

(4)云雾状 肉眼观察采得的公羊新鲜精液,可看到有似云雾状在翻腾滚动的状态。这是由于精子活动所致。精子的密度越大,活力越好,云雾状越明显。因此,实践中常根据云雾状来判断精子密度的大小和活力的强弱。

(5)活力　精子活力的评定,是用显微镜来观察精子运动的情况。检查方法是:用消毒过的玻璃棒取 1 滴精液滴在干净的载玻片上,盖上盖玻片,盖时防止产生气泡。然后放在 400～600 倍显微镜下观察,观察时室温以 18℃～25℃为宜。

(6)评定　精子的活率,是根据直线前进运动的精子数量占所有精子总数的比例来确定其活力等级。在显微镜下观察,可看到精子有 3 种运动方式:①前进运动:精子的运动呈直线前进运动。②旋转运动:精子绕不到 1 个精子长度的小圈子旋转运动。③摆动式运动:精子不变其位置,在原地只摆动而不前进。除上述 3 种运动方式外,还有的精子呈静止状态而无任何运动。前进运动的精子有受精能力,其他几种运动方式的精子无受精能力。所以,在评定精子活力时,全部精子都做直线前进运动的评为 5 分,为一级;大约 80％的精子做直线前进运动的评为 4 分,为二级;60％的精子做直线运动的评为 3 分,为三级;40％的精子做直线前进运动的评为 2 分,为四级;20％的精子做直线前进运动的评为 1 分,为五级。二级以上的精液才能用来输精。

(7)密度　精子密度是评定精液品质优劣的重要指标之一。检查精子密度的方法与检查精子活力的方法相同。公羊精子密度以"密"、"中"、"稀"评其级。

密:在显微镜视野内看到的精子非常多,精子与精子之间的间隙很小,不足容 1 个精子的长度,由于精子非常稠密,很难看出单个精子的活动状态。

中:在显微镜视野内看到的精子也很多,但精子与精子有明显的空隙,彼此间的距离相当于 1～2 个精子的长度。

稀:在显微镜视野内只看到少数精子,精子与精子之间的空隙较大,超过 2 个精子的长度。

只有精子密度为"中"级以上的精液才能用于输精。

(8)精液的稀释　精液稀释的目的是为了增加精液量和扩大母羊授精数。加之公羊射出的精液精子密度大,因此,将原精液作适当的稀释,既可增加精液量,为更多的发情母羊配种,又可延长精子的存活时间,提高受胎率。这是因为精液经过稀释后,可减弱副性腺分泌物中所含氯化钠和钾导致精子膜的膨胀及中和精子表面电荷的有害作用;还能补充精子代谢所需的养分;缓冲精液中的酸碱度,抑制有害细菌繁殖,减弱其对精子的危害作用。由于精液通过稀释后,可延长精子的存活时间,故有助于提高受胎率和有利于精液的保存和运输。

常用的稀释液配方如下。

①0.9%氯化钠(生理盐水)稀释液:这种稀释液是最简便易行的稀释方法,此法只能作即时输精用,不能作保存和运输之用。稀释倍数为 1：1～2 倍。在稀释过程中,应注意稀释液的温度和精液温度保持相同的温度,并在 20℃～25℃室温和无菌条件下进行操作。稀释时,将稀释液沿着集精杯壁缓缓注入,用玻璃棒轻轻搅匀。

②乳汁稀释液:乳汁稀释液也是一种简便易行的稀释方法,也只能作即时输精用,不能作保存和运输精液用。稀释倍数一般为 1：3～5 倍。使用乳汁稀释液时,先将乳汁(牛奶或羊奶)用 4 层纱布过滤到三角瓶或烧杯中,然后隔水煮沸消毒或高压蒸煮消毒10～15 分钟,取出冷却几分钟,除去乳皮即可作稀释用。

③葡萄糖—卵黄稀释液:将 3 克无水葡萄糖和 1.4 克的柠檬酸钠溶于 100 毫升的蒸馏水中,过滤 3～4 次,然后蒸煮 30 分钟消毒,冷却至室温,再加 20 毫升的蛋黄(用注射器抽出,切记不要混入蛋白),用消过毒的玻璃棒搅匀后即可使用。稀释倍数为1：2～3 倍。

此外,当发情母羊少,精液又不需长期保存和长途运输时,以1毫升原精液加2毫升维生素B_{12}溶液稀释,输精效果也很好。

(9)输精 滩羊在自然交配时精液射在阴道内子宫颈口附近,母羊子宫颈口小,且管道弯曲,精液大部分在阴道内。人工授精是将精液直接注入在子宫颈口内0.5~1厘米处。

将挑选出的发情待配母羊赶到输精室内,保定在输精室的输精架上,先用药用棉花或纱布蘸高锰酸钾溶液擦洗干净母羊外阴部,输精员右手持输精器,左手持已消毒过的阴道开腔器,将开腔器慢慢插入阴道,旋转90°角,再将开腔器轻轻打开,寻找子宫颈口。如果打开开腔器后,发现母羊阴道内黏液过多,应将母羊阴道内的黏液除净,便于观察阴道内充血情况和子宫颈口的开张程度,当阴道和子宫颈口潮红,子宫颈口呈花瓣状时,即将输精器插入子宫颈口内0.5~1厘米深处,注入原精液0.05~0.1毫升或稀释后的精液0.1~0.2毫升。初配母羊阴道狭窄,开腔器不易插进或打不开,找不到子宫颈口时,只能进行阴道输精,每次输入原精液0.2~0.3毫升。

在输精过程中,如发现阴道有炎症,可不急于输精,用青霉素、四环素消炎,或用0.1%雷佛奴尔等溶液冲洗子宫和阴道,待炎症消失后再输精。

输精结束后将所用器械立即用温碱水冲洗,再用温水冲洗干净擦干保存。

(四)滩羊精液冷冻、同期发情和受精卵移植技术的应用

精液冷冻、同期发情和受精卵移植是近代畜牧业中重要的技术革新,它将羊的繁殖和育种提升到一个新高度。

羊精液在常温或低温下保存的时间不长,因为精子的代谢仍然在进行。若将保存温度降到冰点以下,使精液冻结起来,则精子的代谢完全停止,保存时间可延长数月甚至数年。冷冻精液近几十年来发展很快,对推广人工授精、扩大优秀种公羊的利用率是一

个重要措施。它保存精液时间长,运输方便。我国从 20 世纪 70
年代以来开展了冷冻精液的研究和试验,取得了不少成果。产羔
率一般可达 30%~40%,个别高者可达到 60%。宁夏农林科学院
畜牧兽医所于 1978 年对滩羊精液冷冻技术进行了研究,该试验在
9 个稀释配方中选出 3 个较为理想的配方,使得安瓶冻精解冻后
活力达 0.65,颗粒冻精解冻后活力达 0.55 的良好效果。1979 年
该所又继续做了稀释液筛选和输精试验。经试验,采用牛、羊混精
制冻的颗粒冻精输精效果较好,情期其受胎率达 52.7%以上。目
前国内外对绵羊冷配受胎率低的问题尚未解决,主要原因是绵羊
精液遭低温打击后有效精子数减少或头部超微结构变形,另一方
面是精液中含有的前列腺素遭到不同程度的破坏,特别是对前列
腺素 E 和前列腺素 F 破坏严重,在 0℃以下几乎对前列腺素 E 全
部破坏,前列腺素 F 破坏 98%,这样影响对母羊子宫颈平滑肌的
松弛作用,使精子的顺利畅通进入宫体达到输卵管受到阻力。而
牛精冷冻后对前列腺素破坏不大,故牛冻精输精的受胎率高于羊。

制冻操作如下:

将公羊精液采出,经过品质检查后,以 1∶4~1∶6 进行稀释
(一般 10 亿~14 亿个按 1∶4 稀释,14 亿个以上按 1∶6 稀释),放
在 4℃~5℃的冰箱内平衡 3~5 小时,然后利用液氮进行制冻。

1. 颗粒制冻法(逐步冷冻法) 采取铜网逐步冷冻的方法,要
求铜网距氮面 2~5 厘米距离,都采用蔗—氨液做下面 3 种方法比
较,并进行 3 次重复。

方法一	离液面距离	停留时间
第一步	5 厘米	5 分钟
第二步	3 厘米	3 分钟
第三步	2 厘米	2 分钟

| 第四步 | 入液 | 2 分钟 |

方法二

第一步	3 厘米	2 分钟
第二步	2 厘米	2 分钟
第三步	入液	2 分钟

方法三

| 第一步 | 2 厘米 | 3 分钟 |
| 第二步 | 入液 | 2 分钟 |

并要求所滴颗粒每粒 0.1 毫升,原则上不小于 0.1 毫升。

2. 安瓶制冻法　采用 2 毫升的安瓶,用注射器将稀释后的精液注入(每个安瓶注入 0.5～0.6 毫升),在酒精灯上火焰封口,封口后用 8 层纱布包裹放在 4℃～5℃的冰箱内平衡 3～5 小时。然后将其平放在铜网上进行制冻(冷冻工具采用铝饭盒、铜网)。要求铜网距离氮面 4 厘米熏蒸 5 分钟,再降至 3 厘米熏蒸 2 分钟后,深入液氮内。

3. 冷冻精液解冻

(1)颗粒解冻法　将盛有 1 毫升解冻液的试管放入盛有 45℃～55℃温水的玻璃杯中,将颗粒迅速投入试管中,边融化、边摇动,待融化掉 3/4 时立即将试管取出,在 38℃进行检查。

(2)安瓶解冻法　将安瓶冻精放入盛有 70℃左右温水的玻璃杯中迅速摇动 8～12 秒立即取出,在 38℃进行镜检。

滩羊冻精稀释液的比较结果,见表 5-1;解冻精液的保存,见表 5-2。

表 5-1 滩羊冻精稀释液的比较

稀释液类别	试验次数	原精液		解冻后		解冻后占原精活率
		活率	运动状态	活率	运动状态	
第一组						
葡—柠液	※1	0.8	+++	0.3	++	37%
第二组						
三基液	1	0.8	+++	死	/	—
第三组				0.47		
蔗—柠液	10	0.8	+++	0.4~0.6	+++	59%
第四组		0.75	+++	0.45	+++	60%
蔗—氨液	2	0.7~0.8		0.4~0.5		
第五组						
乳—氨液	※1	0.8	+++	0.1	/	—
第六组						
葡—乳—柠液	0.75	+++	0.01	/	—	
第七组	5	0.8	+++	0.4	++	50%
葡—柠—氨液	3	0.8	+++	0.3~0.55 0.59 0.55~0.65	+++	71%
第八组						
乳—甘液	※1	0.8	+++	0.4	++	50%
第九组						
蔗—甘液	※1	0.75	+++	0.4	++	53%
第三组		46.3				
蔗—柠液	6	28~65				
第四组						
蔗—氨液	4	47	牛精			

表 5-2　滩羊精液解冻后的保存

稀释液类别	试验次数	23℃±1℃保存 存活时间（小时）	备　注
		44～50	颗粒法
第七组	8	31.5	
		24～36	颗粒法
葡—柠—氨液	6	59	
		41～71	安瓶法

从表 5-1，表 5-2 看出，制作颗粒冻精，第三组，蔗—柠液最好，平均解冻活力为 0.47，最高解冻活力达 0.60。在室温条件下保存（23℃±1℃）平均保存 46.3 小时。其次是第四组，蔗—氨液，平均解冻活力达 0.45，最高解冻活力达 0.50，在室温条件下平均保存 47 小时。

制作安瓶冻精，第七组，葡—柠—氨液较好，平均解冻活力达 0.59，最高解冻活力达 0.65，在室温条件下，平均保存 59 小时。

羊精液制冻流程与牛精液制冻流程不同，羊精液制冻较牛精液制冻颗粒大（牛精 1 毫升滴 10 粒，羊精 1 毫升滴 8 粒）。羊精制冻时铜网离液氮面 5 厘米停留 5 分钟效果较好（牛精制冻时 2 厘米停留 2 分钟），因为离液面 4～5 厘米的相应温度是 -3℃左右。制冻时颗粒大相应降温慢，颗粒距液氮面越高相应温度越高，因此，降温速度慢。但在解冻时，颗粒冻精解冻温度要求 50℃左右。安瓶冻精解冻温度要求 70℃左右，都要求快速通过"临界温度"。这说明牛精液制冻解冻要求两快："快冻快化"。而羊精制冻解冻要求逐步降温制冻，快速化冻。在羊精稀释液中加一定量的氨基乙酸，可提高安瓶冻精解冻后精子的活力（活力可达 0.65），在常温条件下保存 71 小时以上。

四、妊　娠

　　滩羊从开始妊娠到分娩,这一时期称为妊娠期。滩羊的妊娠期多为 151～155 天。根据对 141 只母羊的妊娠期统计,滩羊妊娠期平均为 153.7 天。其中 147～150 天者占 12.77%,151～155 天者占 65.95%,155～158 天者占 21.28%。为了探索滩羊母羊因饲养条件的不同,对其羔羊二毛品质的影响。宁夏国营暖泉农场杨生龙做了"对滩羊妊娠母羊不同阶段的补饲观察其羔羊二毛品质的变化试验"。试验在 1978 年秋季配种结束后,在该场核心母羊群中选择了同一公羊(304 号)授配的 3～7 岁母羊 80 只,按年龄、体质、体况、毛质比较均匀搭配,合成 4 组,每组 20 只,各组母羊除放牧外,第一组在妊娠前期(妊娠后 2～3 月)补饲 60 天,日补料 300 克;第二组在妊娠后期(妊娠后 4～5 月)补饲 60 天,日补料 300 克;第三组从妊娠 2～5 个月全期补饲,日补料 150 克;第四组为对照组,不加补饲。1～3 组母羊的补料配合比例是:大豆 50%,玉米 20%,糜子 30%,另外每只母羊日补胡萝卜 0.5 千克。试验结果表明,4 组试验母羊在配种结束后称体重时,各组体重相近。至妊娠 90 天时,各组母羊体重明显增加,其中以补饲的第一组、第三组更为明显,分别为 48.13 千克、47.23 千克。到母羊妊娠 150 天,产前测体重时,第一组和第四组由于牧场牧草的衰退和胎儿生长发育需要营养物质的增加,致使母羊体重下降,分别为 45.00 千克、41.26 千克,但第二、三组母羊体重还在增加,依次为 46.58 千克、49.31 千克。各组母羊分组后的体重以第一组和第四组下降为甚,第二组和第三组由于妊娠后期和妊娠全期给予补饲,体重下降不太明显。滩羊在妊娠期的饲养条件,对其二毛品质产生一定的影响,这表现于有节奏的饲养和均衡的饲养方面,前者优于后者。因此,滩羊母羊在妊娠期各阶段的饲养,需要有一定的节奏性,在妊娠前期饲养水平宜高一些,使其营养状况逐月提高。但到妊娠后期(最后 2 个月内)是胎儿和胎毛迅速生长发育的阶段,母羊不宜饲养过度,其体重保持在妊娠第三个月时的水平,并在妊娠最后 1 个月内体重稍有下降。所以,饲养滩羊地区,秋季应很好地组织羊群抓膘,使在妊娠第三个月内达到全年营养最高水平。如有条件补饲者,宜在分娩后的哺乳阶段内补饲。这种方法不致对二毛皮品质产生不良的影响,这是滩羊长期在宁夏干旱半荒漠地区独特的生态条件下形成的品种生物学特性。

五、产　羔

妊娠母羊将发育成熟的胎儿和胎盘从子宫中排出体外的生理过程即为分娩或叫产羔。

(一)接　羔

产羔(接羔)是滩羊生产中的主要收获季节之一,要在产羔前 1 个月左右,做好接羔的一切准备工作,安排好产羔房,准备充足的饲草饲料和产羔所用的用具或药品。临产前要认真组织,精心安排。在产羔期间,适当增加技术人员和饲养人员,帮助放牧或饲喂和接羔。晚上要有人巡回检查,以防母羊难产或羔羊生后冻死。

妊娠母羊在分娩前乳房胀大,乳头直立,可挤出黄色的初乳。阴门肿胀潮红,有时流出黏液,肷窝下陷,行动困难,排尿频繁起卧不安,不断回顾腹部。放牧羊只则有掉队或离群现象,舍饲羊常独处墙角,以找安静处等待分娩。当发现母羊卧地,四肢伸直努责或肷部下陷特别明显时,要立即送入产房。

母羊正常分娩时,在羊膜破裂后几分钟至 30 分钟,先看到前肢的两个蹄,随后是嘴和鼻,到头顶露出后,在母羊的努责下将羔羊产出。若是产双羔,先后间隔 5~30 分钟,个别多达几小时。在母羊产羔过程中,要保持安静的环境,尽量不要惊动母羊,母羊一般都能自行娩出。对个别初产母羊因骨盆和阴道较狭小,或产双羔母羊在分娩第二只羔羊已感疲乏的情况下,这时需要助产。其方法是:接羔人在母羊体躯后侧,用膝盖轻压其肷部,等羔羊前蹄和嘴端露出后,用一手向前推动母羊会阴部,羔羊头部露出后,再用一手托住头部,一手握住两前肢,随母羊努责顺后下方拉出胎儿。若属胎势异常或其他原因的难产时,首先转正胎位,当母羊努责时再适当用力往外拽。如果无法助产,应及时请有经验的兽医技术人员进行剖宫产。助产时,要戴上无菌的橡皮手套。羔羊产下后,立即擦去鼻、嘴及耳内的黏液,以防窒息死亡。羔羊体躯上的黏液,最好让母羊舔净,这样有利于母羊认羔。如母羊恋羔性弱时,应将胎儿身上的黏液涂在母羊嘴鼻端上,引诱母羊舔净羔羊身上的黏液。若遇到初产母羊不会舔或天气寒冷时,先将羔羊体躯上的黏液涂在母羊嘴鼻上,然后再用柔软干草或干粪末将羔羊身上的黏液擦干,置热炕上或火炉旁边暖干后送给母羊喂奶。

羔羊出生后,一般情况下脐带都会自行拉断。脐带如未自行拉断或人工助产下的羔羊,可由助产者用剪刀在距离羔羊腹部5~10厘米处剪断,并用碘酊消毒,然后把羔羊置于向阳背风暖和处,让母羊认领哺乳。

(二)羔羊的护理

护理羔羊的原则是:要做到"三防四勤",即防冻、防饿、防潮湿和勤检查、勤配奶、勤治疗、勤消毒。具体要求是:防寒保暖,尽早让羔羊吃到初乳,保持母仔健壮,母羊恋羔性强,搞好环境卫生,减少疾病发生。

第一,要做好防寒保暖工作,滩羊的产羔季节正处天寒地冻的时节。加之出生羔羊体温调节能力差,对外界温度变化极为敏感,因而对冬羔及早春羔必须做好出生羔羊的防寒保暖工作。产房要温暖保温,地面保持厚厚的羊粪或铺上一些御寒的柔软干草、麦秸等,产房的墙壁要密闭,防止贼风侵袭。

第二,要让羔羊尽早吃到初乳,初乳又叫"胶奶"。母羊产后第一周左右(即"初乳期")所产的奶。乳汁浓稠、色黄,稍带腥味,营养

物质丰富,它和常乳(初乳期以后所分泌的乳)比较,干物质含量高
2倍:其中蛋白质高3~5倍,矿物质高1.5倍,维生素A、维生素
E、维生素B$_1$、维生素B$_2$高3倍。还含有初生羔羊所需的抗体、抗
氧化物质及酶、激素等。因此,不仅营养价值高,而且有抗病和轻
泻作用,羔羊吃后可促进胎粪排出,增强对病害的抵抗力。所以,
要保证初生羔羊在产后30分钟内一定吃到初乳。若遇到母羊产
后无奶或母羊产后死亡等情况,羔羊吃不到初乳时,要让它吃到代
乳羊的初乳,否则羔羊很难成活。喂奶是产羔期间最繁重的工作。
初生羔羊最初几次哺乳比较费事,若遇到少数母羊尤其是一些初
产母羊,无护羔经验,母性差,产后不会哺羔或有的羔羊生后不会
吃奶,必须人工强制哺乳。具体操作方法是:放牧员或饲养员先把
母羊保定住,把母羊的脖子夹在右腋下,右手握住羔羊的胸骨处,
左手捏住母羊奶头,先挤出几滴初乳弃去,然后再挤一些乳汁涂于
羔羊嘴上和母羊奶头上,把羔羊嘴对准母羊奶头,让羔羊吮吸。反
复几次后,多数羔羊就会吃奶。对于缺奶和双胎羔羊,要另找代乳
羊。若无代乳羊,要用牛奶或奶粉饲喂羔羊。补喂牛奶时,牛奶要
经过煮沸消毒后晾温再喂,以防羔羊吃了不干净的奶引起腹泻。

　　第三,要搞好环境卫生,防止疾病发生。初生羔羊体质弱、抗
病力差、发病率高,发病的原因大多是由于哺乳用具、羊舍及其周
围环境卫生差,使羔羊感染上疾病。因此,搞好圈舍的卫生管理,
减少羔羊接触病原菌的机会,是降低羔羊发病率的重要措施。另
外,放牧人员或饲养人员每天在放牧和饲喂时,要认真观察母羊和
羔羊的哺乳、采食、饮水和粪便等是否正常,发现问题及时采取处
理措施。

六、滩羊产羔期不同的比较

(一)产羔期不同对母羊的影响

1. 对母羊产后体重的影响　　由于产羔期不同,对母羊产后自

身体重有一定的影响。例如,成年母羊产冬羔后一般体重为 33 千克,产春羔后体重为 30 千克,相差 3 千克。

2. 对母羊哺乳期体况的影响　由于产羔期不同,对母羊哺乳期体况变化有影响。产冬羔母羊在哺乳期的前 3 个月,恰逢枯草期,在哺乳第一个月体重下降较少,第二个月下降显著,第三个月下降最多,但到第四个月以后,青草萌生,母羊体重迅速恢复。6月份羔羊断奶时,体重显著增长。

产春羔母羊产羔后正逢青草期开始,在产后第一个月,体重仍有增长,但到第二、第三个月期间(6～7 月份)羔羊逐渐长大,母羊泌乳量负担增加,营养消耗亦大,因而体重下降。根据 7 月份体重测定结果,产冬羔母羊平均体重为 35 千克左右,产春羔母羊则为 32 千克左右,较前者低 3 千克左右,证明春季产羔对母羊的膘情有显著的影响。

3. 对母羊的抓膘影响　由于产羔时期的不同,对母羊的抓膘影响显著,表现在翌年秋季配种前母羊的体况差别较大。如测定 8 月份在秋季配种前的体重,冬季产羔者平均为 38.5 千克,春季产羔者平均为 33.7 千克,较前者低 4.8 千克。

由于配种期营养上的差异,对翌年的产羔情况也有影响。据统计,前一年产冬羔者,下一年则大部分母羊均可产冬羔,约占 73%,而前一年产春羔者,下一年仍产春羔的母羊占 55%左右,空怀比例增加。

(二)产羔期不同对羔羊的影响

1. 羔羊成活　以贺兰山畜牧试验场滩羊冬、春羔生产、成活、宰留、死亡情况为例,羔羊 1 月龄时成活率冬羔为 95.6%,春羔为 93.5%;宰羔率冬羔 14.55%,春羔为 28.3%;留羔率冬羔为 85.5%,春羔为 71.7%;羔羊死亡率冬羔为 4.4%,春羔为 6.5%。

2. 羔羊生长发育　初生重以冬羔为大,自出生后到越冬前,一般冬、春羔体重生长均呈直线上升,唯春羔因母羊泌乳量较高,故哺乳期内发育迅速,断奶时,春羔 3 月龄体重平均为 15.4 千克,同月龄的冬羔仅 10.5 千克,冬羔 5 月龄断奶时体重平均 19.6 千克,同月龄的春羔为 18.8 千克。断奶后,冬羔尚有 4 个月的青草期,而春羔只有 2～3 个月。在越冬开始时,冬羔已届 10 个月左右,活重一般已达 27 千克以上,春羔仅 7 月龄,活重一般为 22 千克左右。在越冬期内,春羔发育受阻的情况较冬羔严重,越冬度春能力亦较冬羔为差。

3. 满 1 周岁时的体尺 测定冬、春季所生母羔 12 月龄时的主要体尺,如以春羔各项体尺为 100,则冬羔体尺相当于春羔的鬐甲高为 103.8%左右,荐高为 103.7%左右,体斜长为 113.8%左右,胸围为 106.8%左右,胸深为 103.8%左右,十字部宽为 106.2%左右。可看出 1 岁冬羔各项体尺均显著较同龄春羔为大,尤以长度和宽度的发育更明显。

4. 冬、春羔 1 岁时第一次剪毛量 测定 1 岁冬羔春毛剪毛量为 1.2 千克;春羔春毛剪毛量为 0.95 千克。冬羔比春羔高出 0.25 千克。

5. 第一次配种前的体重 于 7 月末配种前测定冬季出生的处女羊,平均体重为 32.4 千克;春季出生的处女羊,平均体重为 29.8 千克。春羔平均较冬羔低 2.6 千克。

(三)冬羔和春羔二毛皮品质的比较

分析连续 2 年所生的同父、母的冬、春羔的二毛皮品质,其主要的几个项目比较如下。

1. 羔羊出生时毛长度 冬羔毛股自然长度 4.96 厘米,伸直长度 6.66 厘米;春羔毛股自然长度 4.64 厘米,伸直长度 6.05 厘米。均以冬羔显著地较春羔为长。

2. 穗型 冬羔花穗类型串字花占 75%,软大花占 25%;春羔串字花占 64.7%,软大花占 35.3%。串字花穗型以冬羔显著较多,而软大花则以春羔较多。

3. 羊毛密度和毛股弯曲数　羊毛密度较密者,以冬羔所占比例较多,且毛股紧实;而春羔毛稀者所占比例较多,且毛股易松散。毛股弯曲数冬羔比春羔一般多1个。

4. 光泽　冬羔皮较洁白光润,而春羔皮色泽多暗淡、干燥。同时,春羔屠宰时正逢雨季,羔羊毛常易被圈内粪尿所污染而呈不洁之浅黄色,加工时亦不易洗掉,对二毛皮品质有不良的影响。

5. 皮板面积及重量　冬羔二毛皮面积平均为 2 162 厘米^2,重量平均为 0.5 千克。春羔二毛皮面积平均为 2 365 厘米^2,重量平均为 0.53 千克。

春羔二毛皮面积和重量较大,但伸张力较小,缺乏弹性;而冬羔皮面积和重量虽小一点,但皮板致密,富弹性,伸张力较大。

综上所述,可以认定,滩羊产羔季节以冬季较好,这对母羊抓膘、羔羊发育和二毛皮品质均有良好的影响。因此,在夏季就应注意提高母羊膘情,促使其在 8～9 月期间发情整齐,提高配种率,以多产冬羔,减少春羔的比例。

第六章　滩羊的选育

滩羊系经长期的自然选择和劳动人民长期选育而形成的一个裘皮(二毛皮)羊优良品种。滩羊的遗传性稳定,体质结实,对当地的自然环境和粗放的饲养管理适应性强,具有良好的生产性能,而且有了相当的数量,分布在陕、甘、宁及内蒙古四省(自治区),这些是滩羊进行本品种选育的有利条件。在选育工作中,遗传性、适应性和饲养管理等方面要进行的工作,较杂交育种方式简便。但由于滩羊遗传保守性强,选育中没有或很少动摇其遗传性,后代的变异程度亦属有限,因此选择面不如杂种羊大,选育效果亦较杂交改良方式缓慢一些。所以,品质要得到一定程度的提高,相对来说所需要的时间亦会较长。这就要求选育工作必须做得更细致,对滩羊主要品质的遗传规律及影响因素做深入的了解,采取积极措施来加快选育进度。

根据群众经验和科学研究的实践证明,进行滩羊本品种的选育提高,必须注意抓好以下几项工作。

一、选　种

选种是滩羊育种工作的一个最基本的重要手段和技术措施之一。通过选种可以把人们需要的优秀遗传特性的个体选出来,把不良个体淘汰,提高群体的二毛皮质量和其他性能。滩羊选育的目的,主要是要获得品质优良、数量多的"二毛"裘皮。

滩羊的选种主要是在二毛期进行,因为滩羊是裘皮羊品种,滩羊二毛皮的一些重要品质特性,如花穗、弯曲数和毛股长度等主要在羔羊生后 30 天左右表现明显。因此,滩羊的选种工作主要在此时进行二毛鉴定,如果超过二毛期选择就很难区别优劣或选择的准确性很差。在生产实际工作中,滩羊产区的技术人员和养殖户通常将滩羊选择分为羔羊选择和成年羊选择。

(一)羔羊的选择

滩羊羔羊选择分为初生鉴定和二毛鉴定(够毛鉴定),初生鉴定项目主要包括羔羊的毛色特征、初生体重、毛长、毛股弯曲、花案发育和等级;二毛鉴定项目主要包括羔羊的毛色特征、够毛日龄、花穗类型、弯曲数、优良花穗分布面积和够毛体重及等级。

1. 初生羔羊鉴定　等级分为 3 级。

(1)一级　羔羊体格大,发育良好;初生重公羔 3.8 千克以上,母羔 3.5 千克以上;毛股自然长度 5 厘米以上,弯曲数 6 个以上,花案清晰;尾尖长过飞节,体躯毛色纯白。

(2)二级　羔羊体格中等,发育正常,初生重公羔 3.8 千克以上,母羔 3.5 千克以上;毛股自然长度 4.5 厘米以上,弯曲数 5 个以上,花案一般;尾尖长过飞节,体躯毛色纯白。

(3)三级　羔羊体格中等或较小,发育稍差;毛股自然长度 4.5 厘米以下,弯曲数 5 个以下,花案欠清晰;毛较粗、松散;尾尖长过飞节,体躯毛色纯白,四肢下部有色斑者。

(4)淘汰　羔羊体格小,发育不良;初生重公羔不足 3 千克,母羔不足 2.5 千克;毛股自然长度不到 4.0 厘米或体躯有花斑者。

正确的选择羔羊,需从两方面着手。一方面从亲代,即通过亲代的有意识的选配而获得;另一方面是从出生后按其个体品质开始挑选。实际上是以后者为重要,因为滩羊个体品质的优劣,主要表现在羔羊时期。因此。在产区应当注重二毛期的选择并集中优秀二毛羔羊的培育,逐步扩大数量,并使其品质得到普遍的提高。

2. 滩羊二毛鉴定　即够毛鉴定,等级分为 4 级。

(1)分　级

①特级　由一级中选出最优秀者。花穗为典型的串字花,在体躯各部位表现一致;弯曲 7 个以上,花案清晰,发育良好,够毛公

羔重 8 千克以上,母羔 8 千克以上;毛股自然长度 8 厘米时日龄在 30 天以内;弯曲占毛股长 2/3～3/4,弯曲弧度均匀,光泽好,毛股紧,无毡毛,无色斑者。

②一级　花穗为典型的串字花,在体躯主要部位表现一致,弯曲 6 个以上,花案清晰;体质结实,体格大,发育良好,够毛公羔重 6.5～8 千克,母羔 6.5～8 千克;毛股自然长度 8 厘米时日龄在 30 天以内;尾宽长过飞节;体躯次要部位有较体侧差、具弯曲的毛股;除头部有色斑外,体躯纯白;弯曲占毛股长 2/3～3/4,弯曲弧度均匀,光泽好,毛股紧,无毡毛,无色斑者。

③二级　花穗为较小型的串字花或绿豆丝,毛密度稍稀;体质结实或偏向细致;花穗弯曲在 5 个以上,花案一般,匀度稍差,次要部位弯曲不明显;够毛公羔重 5～6.5 千克,母羔 5～6.5 千克;弯曲弧度一般,弯曲占毛股长 1/2～2/3,毛光泽一般,毛股紧。其他同一级。

④三级　花穗为大而松散的串字花或软大花,花案清晰度稍差,类型不一致,匀度不良;体格中等以上,发育稍差,够毛公羔重 5 千克以下,母羔 5 千克以下;毛股自然长度 8 厘米时日龄在 30 天以内;尾长过飞节;体躯次要部位有较体侧差、具弯曲的毛股;除头部有色斑外,体躯纯白;弯曲数在 5 个以下,弯曲占毛股长 1/2～2/3,弯曲弧度欠均匀,光泽差,毛股松,毛纤维较粗;体质偏向粗糙,四肢下部有浅色斑或腹侧部毛股有毡结情况者。

⑤淘汰　发育不良,日龄达 30 天时毛股长仍不到 7 厘米;弯曲不足 4 个;花穗松散,无一定类型;体躯具花斑者。

属下列情况者降级或升级:①双羔羊中的公羔或母羔仅因活重和花穗稍差者升 1 级。②产双羔的母羊升 1 级。③连续 2 年生淘汰羔羊的母羊降 1 级。④春羔、秋羔降 1 级。

3. 鉴定方法　每年在产羔季节前 1 周左右,组织专业人员事先学习鉴定标准,分别下达产区巡回鉴定。鉴定时须有固定的当地记录人员、有经验的鉴定员各 1 人,抓羊工人若干人。

鉴定前应准备好各种统一规定表格及用具,如 15 厘米的直尺、卷尺、耳标、耳标钳、准确度在 0.1 千克、称重 20 千克以上的秤和消毒药水等。

鉴定时为避免过度追逐羔羊,应用小栅栏将羔羊全部置于其内,留小门,鉴定在门外进行。

凡二级以上列为选育群的羔羊,进行个体鉴定后按规定项目记录,列为繁殖群的仅作等级鉴定(一般登记、外戴耳标和打上等级缺刻)。

鉴定人员应遵循兽医规则进行消毒,以免传染和感染疾病。鉴定和记录必须认真负责。

记号的标记方法:等级号打在右耳。耳后缘打一缺刻表示一级,耳后缘打二缺刻表示二级,耳前缘打一缺刻表示三级,耳尖中央打一缺刻表示特级,剪断耳尖表示淘汰。在左耳佩戴个体号耳标。

各种登记记录在野外进行时,最好用 2H 铅笔记载清楚。以免日久模糊。记录应由专人保管。

阶段工作结束后,应进行总结上报。其内容包括:鉴定羊只数、等级情况,并提出羊只分级分群的初步意见,为选配工作打好基础。

几点说明:

①体格:依身躯大小按五级法评定,"5"表示体格大,发育好。"4"表示体格较大。"3"表示体格中等。"2"表示体格小。"1"表示体格过小。

②体质:分坚实、偏向细致、细致、偏向粗糙、粗糙等 5 类。

坚实体质:骨骼结实,结构良好而匀称。以"K"表示。

粗糙体质:鼻梁显著隆起,头大,皮厚,毛粗,骨骼结构松弛。以"Kr"表示。倾向粗糙则以"K_"表示。

细致体质:鼻梁稍平或凹陷,头小,皮薄,骨细,体狭窄。以"KH"表示。偏向细致则以"KH_"表示。

③花穗类型:以体躯主要部位为代表。

串字花:为花穗中最好的一种。根梢皆柔软,能纵横倒垂。毛股上 2/3～3/4 有弯曲,弯曲多,弧度均匀,一般有 6～8 个弯曲,花穗尖端弯曲呈环状或半环状。毛股紧实而不易散开或毡结者。以"串"字表示。

小粒花或绿豆丝:与串字花相似。唯其毛股较细,毛密度较小。以"绿"字表示。

软大花:花穗比串字花粗大而松散,弯曲数较少,且不甚规则,弯曲部分约占毛股长的 1/3～1/2,绒毛较多者。以"软"字表示。

④其他:凡不能列入以上类型者均属之。以"不"字表示。

弯曲数:从花穗一侧计算,每一个波峰计为一个弯曲。

毛股长:从根部到梢的自然长度,以"厘米"计,准确度达 0.5 厘米。

花穗占毛股长比例:毛股上有弯曲部分占毛股长的几分之几,以分数表示(如 3/4,2/3,1/2 等)。

散毛:分布于花穗之间不成股的两型毛,一般露出松散花穗尖端以外。"无"以"－"表示;"少量"以"＋"表示;"较多"以"＋＋"表示;"多"以"＋＋＋"表示。

密度:被毛生长的稠密程度,用手捏摸或分开毛股观其露出的皮肤宽度而定。密度大以"M＋"表示,密度中等以"M"表示,毛稀以"M－"表示。

匀度:肉眼判断体躯前后花穗大小、弯曲数的一致性。前、后躯相同者,以"Y"表示;较差者以"Y－"表示;相差过大者以"Y＝"表示。

擀毡:观腹部等部位毛股是否毡结成片及其程度而定。以"毡－"、"毡＋"、"毡＋＋"表示。

粗毛细度：以"粗"、"中"、"细"表示，并可增加"＋"、"－"号。

死毛：以"－"表示无死毛，"＋"表示有少量死毛，"＋＋"表示死毛较多。

腹毛：密而不擀毡为优良，于总评中两个圈下加横线；正常者不过稀或擀毡；不良者腹毛短而稀疏或结毡，则于总评中的"0"下加"∧"。

毛弯保存性（成年羊）：毛股弯曲数较多而明显者，以"и"表示；毛股弯曲少、较不明显者，以"и－"表示；毛股无弯曲者，以"и＝"表示。

总评：即对该羊以裘皮品质及体质、体格等为主的全面品质的评价。

00000——成年羊则为体格大、体质结实、粗毛较细长且均匀者。二毛羔羊则为发育好、体质结实、花穗优良、匀度好、优良的羔羊。

0000——以上各项较好的羊只。

000——以上各项中等的羊只。

00——以上各项不良的羊只。

并可附"＋"、"－"号。

（二）成年羊的选择

成年羊鉴定包括体型外貌、毛色特征、体格、体质、体重、被毛等。

1. 体型外貌　滩羊体格中等，体质结实。鼻梁稍隆起，耳有大、中、小 3 种，公羊角呈螺旋形向外伸展，母羊一般无角或有小角。背腰平直，胸较深。四肢端正，蹄质结实。长脂尾，尾根部宽大，尾尖细呈"S"形，下垂过飞节。体躯毛色纯白，多数头部有褐、黑、黄色斑块。毛被中有髓毛细长柔软，无髓毛含量适中，无干死毛，毛股明显，呈长毛辫状。

2. 被毛品质　羊只被毛品质，尤以毛股中有髓毛的细度、长度与均匀度对后代二毛皮品质影响较大。一般亲代有髓毛较细且长者,其后代初生时毛股较长,二毛弯曲数亦较多;亲代被毛匀度差者,其后代花穗分布情况和羊毛匀度亦较差,故对此项内容应严格要求。

鉴定工作最好在1~2月份进行,将选出的一、二级母羊做记号,到6~7月份集中放牧,以备配种。

3. 母羊泌乳性能　滩羊泌乳量个体间的差异比较大,母羊日均泌乳0.14千克(上午0.08千克,下午0.06千克)。滩羊的泌乳量,随产后时间的延长而减少。日均产奶量以产后第一个月最高,为0.23千克,以后逐渐下降,以产后第一个月为100%,第二个月为67.93%,第三个月为47.35%,第四个月为40.87%,第五个月为38.36%。而羔羊在初生到1个月左右的发育阶段内,其生长发育速度,绝大程度取决于母羊的泌乳量;而母羊的泌乳量又间接地影响到二毛皮品质、皮板面积等。母羊泌乳量的多少,还可影响到羔羊够二毛的日龄。羔羊出生以后,羊毛生长速度与其增重速度成正相关的关系。日增重在60克以内的羔羊,其毛长平均日增长0.11毫米(0.05~0.17毫米),日增重在100克以上的羔羊,毛长平均日增长0.14毫米(0.08~0.23毫米)。即羔羊增重快者,羊毛自然长度达8~9厘米(二毛)时所需时间亦较短。滩羊的泌乳量以3~6岁时较高。7岁母羊泌乳量最低,应酌情淘汰。滩羊泌乳量个体间差异非常明显,在选种时必须在群体中选择泌乳量较高的母羊,淘汰泌乳量低的母羊。

成年羊鉴定:成年羊在没有关于二毛鉴定(基本鉴定)资料的情况下,很难做出正确的评价。尤其是区别纯种滩羊和其他品种羊与滩羊杂交后的杂种羊。近10多年来,大多数滩羊产区引进小尾寒羊或其他品种与滩羊进行杂交,一些地区饲养的多数羊都为滩寒杂交的高代杂种羊。遇到这种情况时,区别纯种滩羊和杂种羊的主要方法,首先依据滩羊的体型外貌特征进行鉴定,如滩羊尾形与杂种羊有明显区别,滩羊尾长过飞节,而杂种羊尾短小。最重要的是要根据羊毛品质来判断,滩羊毛有髓毛较细长,两型毛含量高,且无干死毛,而杂种羊的被毛中含有干死毛。滩羊被毛的毛辫状非常明显,而杂种羊的毛被无毛辫现象。

4. 滩羊的等级鉴定　滩羊等级鉴定的依据,主要是羔羊时的鉴定。在尚未得到这一系列资料以前,仅以所表现的一般特征暂定其标准如下。在剪春毛前进行鉴定,分为 5 个等级。

(1)特级　从一级中选出最优秀者。

(2)一级　(理想型)体格大,体质结实,骨骼发育良好;皮肤中等厚度;有髓毛细软富有弹性,匀度良好,毛股明显具弯曲,毛股或毛辫长 15 厘米以上,毛密适中,白色,无死毛,光泽正常;腹部毛着生良好,头部或四肢下部允许有色斑块;鼻梁稍隆起;公羊有螺旋状大角;体躯结构良好;肌肉丰满,尾宽大,下垂过飞节;背腰平直,四肢端正;羔羊期鉴定列为一级者。

(3)二级　体质结实或偏细致;体中等大小;毛股或毛辫长 12 厘米以上毛密度一般;其他同一级;羔羊鉴定时列为一级或二级者。

(4)三级　体格小;体质偏向粗糙,毛较粗,长 10 厘米以上匀度中等或不良;腹毛不好;体躯和外貌上有轻度缺陷者,如尾短、肩头结合不良,四肢有浅色斑块者。

(5)淘汰　体躯主要部位和口腔黏膜、阴茎鞘等部位有色斑块,毛粗有死毛;体质过度粗糙或外貌上有严重缺陷者。

(三)滩羊的品种标准

GB/T2033—2008

前　言

本标准代替 GB/T 2033—1980《滩羊》。

本标准同 GB/T 2033—1980 相比主要变化如下：

——增加了前言；

——增加了滩羊乳羔的概念、乳羔羊肉的指标；

——完善了滩羊体尺、产毛、产肉及繁殖性能的指标。

本标准的附录 A 为资料性附录。

本标准由中华人民共和国农业部提出。

本标准由全国畜牧业标准化技术委员会归口。

本标准主要起草单位：宁夏回族自治区畜牧工作站、宁夏农林科学院畜牧兽医研究所、中国农科院兰州畜牧与兽医研究所、宁夏回族自治区盐池滩羊选育场、宁夏回族自治区同心县畜牧局、宁夏回族自治区盐池县畜牧局、宁夏回族自治区灵武市畜牧局、宁夏回族自治区中卫县畜牧局。

本标准主要起草人：龚卫红、陈亮、龚玉琴、张东弧、黄红卫、许斌、杨冲、杨风宝、杨正义、谢永宁。

本标准所代替标准的历次版本发布情况为：GB/T 2033—1980 和 GB/T 2033—2008

滩　羊

1. 范围

本标准规定了滩羊的品种特性和等级评定方法。

本标准使用于滩羊的品种鉴定和等级评定。

2. 术语和定义

下列术语和定义使用于本标准。

2.1　滩羊乳羔 SUCKING LAMB OF TAN SHEEP

生后 60 日龄内的滩羊羔羊。

2.2　二毛羔羊 LAMB OF TAN SHEEP

又叫够毛羔羊，毛长达到 7～8 厘米，生后 35 日龄左右的羔羊。

2.3　滩羔皮 LAMBSKIN OF TAN SHEEP

毛股长不足 7 厘米且出生 30 日龄内的滩羊羔羊所宰剥的羊皮。

2.4　滩裘皮 LAMB FUR OF TAN SHEEP

具有毛股紧实，弯曲明显，呈波浪状毛股，30 日龄以上的羔羊所宰剥的毛皮。

2.5　滩乳羔肉 SUCKING LAMB

宰杀滩羊乳羔羊而获得的羔羊肉。

2.6　滩羔羊肉 LAMB OF TAN SHEEP

宰杀 60 日龄以上、12 月龄以下或没有恒齿的母羊或羯羊所获得的羔羊肉。

2.7　毛股 STRANB

由若干弯曲形状相同、弯曲数一致的毛纤维排列结合在一起的毛股。

2.8　花穗 CRIMP EAR

毛股上具有一定数量的弯曲,状似麦穗。

2.9　毛股弯曲数 STRANB CRIMPNESS

毛股弯曲的个数。由花穗一侧计算,一个弧为一个弯曲。

2.10　花案 PATTERN

花穗在被毛上所构成的图案。

2.11　串子花 CHUAN ZI FORM

毛股直径为 0.4~0.6 厘米(在毛股有弯曲部分的中部测量),毛股上具有半圆形、弧度均匀的平波状弯曲的花穗。

2.12　软大花 SOFT LARGE EAR

毛股直径为 0.6 厘米以上,根部粗大,无髓毛较多,具有弧度较大或中等弯曲的花穗。

3.　品种特性

3.1　原产地

滩羊是我国独特的裘皮用绵羊品种,主产于宁夏的盐池、同心、灵武及贺兰山东麓地区,并包括甘肃、陕西、内蒙古与宁夏相邻的地区。

3.2　外貌特征

3.2.1　二毛羔羊

全身被覆有波浪形弯曲的毛股,毛股紧实,花案清晰,毛色洁白光泽悦目,毛稍有半圆形弯曲或稍有弯曲,体躯主要部位表现一致,弯曲数在 3~7 个,弯曲部分占毛股全长的 1/2~3/4,弯曲弧度均匀排列在同一水平面上,少数有扭转现象。腹下、颈、尾及四肢毛股短,弯曲数少。被毛由两型毛和无髓毛组成,两型毛约占 46%,无髓毛约占 54%。羊毛细度两型毛平均为 26.6 微米,无髓毛平均为 17.4 微米。

3.2.2　成年羊

滩羊成年羊体格中等,体质结实,全身各部位结合良好,鼻梁稍隆起,耳有大、中、小三种。公羊有螺旋形角向外伸展,母羊一般无角或有小角,背腰平直,胸较深,四肢端正,蹄质坚实。尾根部宽大,尾尖细圆,呈长三角形,下垂过飞节。体躯毛色纯白,光泽悦目,多数头部有褐、黑、黄色斑块。被毛中有髓毛细长柔软,无髓毛含量适中,无死毛。毛股呈毛辫状,前后躯表现一致。毛纤维中有髓毛约占 7%,两型毛约占 15%,无髓毛约占 77%;

纤维细度有髓毛平均在 44.87 微米,两型毛平均 34.1 微米,无髓毛平均 19.1 微米。毛股自然长度在 8 厘米以上。

3.3　生产性能

3.3.1　体重体尺

滩羊春季剪毛后,一级成年羊的体重、体尺下限见表 6-1。

表 6-1　滩羊体重、体尺下限表　(单位:千克、厘米)

性　别	体　重	体　高	体　长	胸　围
公　羊	43.00	69.00	76.00	87.00
母　羊	32.00	63.00	67.00	72.00

3.3.2.1　滩裘皮

皮板薄而致密,皮板厚约 0.7～0.8 毫米,鲜皮重约 0.66～1.16 千克,半干皮面积在 1 600 厘米^2,具有毛股弯曲明显、花案清晰,毛股根部柔软可以纵横倒置、轻软美观的特点,是制作轻裘的上等原料。

3.3.2.2　滩羔皮

具有弯曲明显,花案清晰,皮板质地轻软等特点。

3.3.3　羊毛

符合 GB/T 2033—2008 标准。

公羊产毛量 1.60～2.00 千克;净毛率 61%。

3.3.4　产肉性能

滩羊产肉性能见表 6-2。

表 6-2　滩羊产肉性能

类　型	胴体重(千克)	屠宰率(%)
滩乳羔肉	3～10	48～50
滩羔羊肉	8～15	43～48
成年羯羊肉	15～25	45～47
成年母羊肉	13～20	40～41

3.3.5　繁殖性能

公羊 6～7 月龄,母羊 7～8 月龄性成熟。适配年龄为:公羊 2.5 岁,母羊 1.5 岁。季节性发情,母羊发情周期为 17～18 天,发情持续期 26～32 小时,妊娠期 149～156 天,其中以 153 天为最多;公、母羊可利用到 6～7 岁;产羔率为 101%～103%。

4. 等级评定

4.1　评定时间和次数

滩羊一生分三次鉴定,以初生鉴定为基础,二毛鉴定为重点,育成羊鉴定为补充。初生鉴定时间为羔羊生后 3 小时内未吃过母乳,二毛鉴定时间为群体日龄 35 日龄左右,育成羊鉴定时间为春季 5 月份。

4.2　评定内容

初生羔羊包括毛色特征、初生体重、毛长、毛股弯曲数和等级,二毛鉴定包括毛色特征、鉴定日期、够毛日龄、花穗类型、弯曲数、优良花穗分布面积和体重及等级;育成羊鉴定包括毛色特征、体格、体质、体重、被毛等。

4.3　评定方法和等级

4.3.1　初生羔羊见表 6-3。

4.3.2　二毛羔羊等级串字花见表 6-4,软大花见表 6-5。

一、选 种

表 6-3 滩羊初生羔羊等级

等级	毛长 (厘米)	毛弯数	花案	发育	公羔重 (千克)	母羔重 (千克)
一级	>5.0	>6.0	清晰	良好	>3.8	>3.5
二级	>4.5	>5.0	一般	正常	>3.8	>3.5
三级	<4.5	<5.0	欠清晰	稍差	3.5~3.8	3.4~3.5

表 6-4 滩羊二毛羔羊等级串字花

等级	毛弯数	花案	发育	公羔重 (千克)	母羔重 (千克)	弯曲毛股	弯曲弧度	光泽	毛股紧	毡毛	色斑
特级	>7	清晰	良好	>8	>8	2/3~3/4	均匀	好	紧	无	无
一级	>6	清晰	正常	6.5~8	6.5~8	2/3~3/4	均匀	好	紧	无	无
二级	>5	一般	一般	5~6.5	5~6.5	1/2~2/3	一般	一般	紧		
三级	<5	欠清晰	稍差	<5	<5	1/2~2/3	欠均匀	差	松	有	有

表 6-5 滩羊二毛羔羊等级软大花(GB/T 2033—2008)

等级	毛弯数	花案	发育	公羔重 (千克)	母羔重 (千克)	弯曲毛股	弯曲弧度	光泽	毛股 紧实	毡毛	色斑
特级	>6	清晰	良好	>8	>8	2/3	均匀	好	紧	无	无
一级	>5	清晰	正常	7~8	7~8	2/3	均匀	好	紧	无	无
二级	>4	一般	一般	6~7	6~7	1/2~2/3	一般	一般	紧	—	—
三级	>3	欠清晰	稍差	>6	>6	1/2~2/3	欠均匀	差	松	有	有

4.3.3 育成羊(1.5 岁)等级指标见表 6-6。

表 6-6 育成羊等级评定指标下限

等级	外貌					羊毛			体重(千克)		够毛
	特征	体格	体质	发育	形状	长度(厘米)	分布	密度	色斑	公羊	母羊	等级
特级	明显	大	结实	好	股状	15	一致	适中	无	47~50	36~40	特级
一级	明显	较大	结实	良好	辫状	15	一致	适中	无	43~46	30~35	一级
二级	一般	中	细致	一般	绺状	12	一般	一般	无	40~42	27~30	二级
三级	缺陷	小	粗糙	差	散状	10	差	密或稀	蹄冠上部有			三级

公羊在一级以上、母羊二级以上者方可种用。

附录 A

(资料性附录)

滩羊种羊和羔羊的等级鉴定表

A.1 滩羊初生羔羊、二毛羔羊、育成羊等级鉴定登记表见表 6-7 至表 6-10。

表 6-7 滩羊产羔及羔羊初生鉴定登记表 (选育群用) 年

序号	羔羊号	性别	毛色特征	公羊号	母羊号	母羊年龄	单双羔	初生重	初生月日	肩部毛长(厘米)		弯曲数(个)		花案	等级	备注
										自然长	伸直长	肩	股			

鉴定人：

表 6-8 滩羊二毛个体鉴定表 （选育群用）　　　年

序号	羔羊号	性别	特征	体躯四肢色斑	初生等级	父羊	母羊	出生日期	鉴定日期	够二毛日龄	二毛活重	花穗类型	花穗紧实度	优良花穗分布面积	弯曲数（个）肩	弯曲数（个）股	弯曲部分占毛股长比例	光泽	散毛	擀毡	尾长短	总评	等级	备注

鉴定人：

表 6-9 滩羊羔羊二毛等级鉴定登记表 （繁殖群羔羊鉴定登记用）　　　年

序号	羔羊号	性别	毛色特征	初生等级	鉴定日期	花穗类型	优良花穗分布面积	弯曲数（肩部）	花案	体重（千克）	等级	备注

鉴定人：

表6-10　滩羊成年羊个体鉴定表　　　　年

序号	耳号	性别	毛色特征	年龄	二毛穗型	二毛等级	体格	体质	粗毛绒毛长和厚(厘米)	粗毛细度	羊毛匀度	密度	死毛	腹毛	外貌	尾长短	等级	备注

鉴定人：

二、选　配

所谓选配,就是在选种的基础上,根据母羊的特征,为其选择恰当的公羊与之配种,以期获得理想的后代。因此,选配是选种的继续,是提高羊群品质的最基础的方法。选配的作用在于:巩固选种效果。选配的作用主要是,使亲代的固有优良性状稳定地遗传给下一代;把双亲个体的优良性状结合起来传给下一代。

俗话说:"母羊好,好一窝;公羊好,好一坡"。说明在选育工作中,必须十分重视挑选公羊。要充分利用品质好、遗传性稳定的优良公羊,这是改进提高滩羊品质的重要手段之一。

在滩羊的选配工作中,要依据花穗类型进行选配,以巩固和改进裘皮(二毛皮)品质。用优良花穗的公、母羊进行配种,可以巩固其优点。用优良花穗公羊与花穗不规则或毛质不好的母羊交配,可逐步改进裘皮品质。例如,用串字花×串字花;软大花×软大花,这两种方式交配,可以巩固其各自原有的优点。用串字花公羊配不规则母羊或弯曲不明显、大弯、毛粗的母羊,可以提高其后代毛股的弯曲数或改进其羊毛细度。

三、滩羊选育成就和研究进展

滩羊盛产的二毛裘皮在国内外享有很高的声誉,其肉在羊肉品尝中公认品质最好,是火锅涮羊肉的名贵原料。尤其是稍加催肥而宰剥二毛皮后的羔羊肉,更是鲜美多汁,别有风味,为羔羊肉中上品,深受人们的喜爱。滩羊肉除供产区回汉人民食用外,尚销售到北京、上海、青岛、广州等地,并向阿拉伯国家出口,在国内外市场上信誉很高。因此,保持滩羊这一珍贵品种,大力发展数量,提高质量,对改善人民生活,增加农牧民收入,为国内外市场提供优质二毛皮、滩羊肉和提花毛毯等优质产品,加速经济建设具有重要意义。

(一)滩羊选育和研究进展

为了加速我国滩羊的发展,1973 年宁夏召开了滩羊、中卫山羊育种协作会议;1984 年 5 月召开了第二次育种协作会议。根据原农林部 1976 年科学技术经验交流与协作计划(草案)关于成立四省(自治区)滩羊选育协作组的要求,由宁夏农林局主持,于1977 年 3 月 31 日,在宁夏召开了宁夏、甘肃、内蒙古、陕西四省(自治区)第一次滩羊选育协作会议。会议认为,为了加速滩羊本品种选育的进展,成立"四省(自治区)滩羊选育协作组"分工攻关进行联合育种,是很及时很必要的。经过与会代表商定,协作领导小组由宁夏农科所,宁夏农林局畜牧站,甘肃省畜牧研究所,陕西省畜牧总站,内蒙古家畜改良站组成,并推选宁夏农林局畜牧站为组长单位,甘肃省畜牧研究所为副组长单位,秘书组设在宁夏农林所。并商定四省(自治区)滩羊选育协作会议一般每 2 年召开 1次。采取在各省(自治区)轮流召开的办法。在第一次四省(自治区)滩羊协作会时,经共同商定 1977 年至 1980 年滩羊选育协作研究主攻以下 6 个项目:①滩羊品种资源调查。②滩羊本品种研究。

③滩羊二毛裘皮遗传理论的研究。④探索影响滩羊裘皮品质的因素。⑤引用滩羊改良当地绵羊的效果观察。⑥滩羊冷冻精液技术的研究。会议结束后,四省(自治区)分工进行了滩羊的品种资源调查,开展了群众性的选育工作和引进优良公羊提高原有滩羊品质试验等方面的工作。通过品种资源调查,摸清了滩羊资源情况,滩羊由 1977 年的 149 万只增长到 1980 年的 225.6 万只。其中,宁夏由 100 万只增长到 135.9 万只。四省(自治区)于 1980 年 2 月 26 日至 3 月 3 日在甘肃省靖远县召开第二次滩羊选育协作会议,会议期间,各省(自治区)汇报了 1977 年第一次滩羊会议后滩羊选育工作和协作课题执行情况。并在 13 个县开展了选育工作,使滩羊品质得到了提高。盐池滩羊选育场一、二级羊达到 56%;盐池县及同心、灵武、中卫部分公社建立了滩羊生产基地;盐池滩羊选育场、暖泉农场开始进行了滩羊品系繁育的研究工作;中国科学院与宁夏有关单位协作,对滩羊生态条件、主要经济性状的遗传参数进行了研究;宁夏畜牧研究所对滩羊精液冷冻技术进行了试验;甘肃省在 1974 年摸底调查的基础上,对靖远、景泰、皋兰 3 个县的滩羊资源又做了一次数量和生产性能的补充调查,取得了分布区域、数量发展与生产性能等方面的资料;景泰县开展群众性滩羊选育工作,引进优良公羊提高原有滩羊品质试验,取得了明显效果;环县于 1978 年将原农牧场改为滩羊选育场,并为社队发展滩羊提供优良种羊;靖远县从社队企业投资中扶助高湾等 4 个公社办起了公社滩羊场;内蒙古阿拉善左旗进行了滩羊资源调查和选育整群工作;陕西省定边县滩羊场做了引进优良公羊提高本地羊群品质试验;山西省偏关县引入滩羊公羊与本地蒙古羊杂交,取得良好效果。会议总结了四省(自治区)的选育成绩,找出了存在的问题,确定了 1980 年到 1982 年科研协作计划或研究项目为:滩羊品种资源补充调查,滩羊本品种选育,引种后杂交效果的研究,裘皮遗传规律的研究,探索影响滩羊裘皮品质因素的研究,多胎试

验,羊群合理结构的探索和精液冷冻技术的研究等。1984 年 4 月 25～29 日在内蒙古阿拉善盟巴音浩特召开了宁夏、甘肃、陕西、内蒙古四省(自治区)滩羊选育协作第三次会议,会议总结了自 1980 年第二次协作会议以来各省(自治区)滩羊选育工作,会议收到经验总结、调查研究、科学试验成果材料 40 多篇,其中大会交流 17 篇,检查了协作课题的执行情况,会议代表认为:各省(自治区)协作组做了大量的工作,基本完成了"二次"会议确定的协作任务,取得了一定成绩。二次会议后的 3 年中,各省(自治区)普遍召开了各种形式的协作会议,举办了滩羊选育训练班,培养了技术骨干,收集整理了"滩羊、中卫山羊科技资料汇编",制定了滩羊、中卫山羊标准,促进了滩羊、中卫山羊质量的提高和数量的发展。据统计,四省(自治区)1983 年有滩羊 227.4 万只,其中宁夏 129 万只,占 56.72%;甘肃 65 万只,占 28.58%;内蒙古 27 万只,占 11.87%;陕西 6.4 万只,占 2.81%。滩羊群选群育工作在羊群包到户选育群解散的情况下,各地采取了专业户建群,联产组群,国营、集体和个体户一齐上等多种形式,使选育羊达到 6 万只,共调剂推广良种公羊约 4 000 只,选育羊的品质均有所提高,效果明显。甘肃省在选育工作中,领导重视,科研、教学、生产单位密切配合,对全省的滩羊、中卫山羊资源进行了全面调查,使群选群育工作有了新的起色。宁夏回族自治区在选育建系和科学研究方面有了新的进展;内蒙古自治区在调查摸底的基础上,在建立种羊基地和滩羊技术承包方面迈出了新的步伐;陕西省重点抓种羊场的建设初见成效。会议讨论制定了 1983 年至 1985 年滩羊、中卫山羊选育协作科研项目和协作组管理细则。并提出几点建议:①主管业务部门领导要把滩羊、中卫山羊的选育工作看成改变产区贫困面貌,发展畜牧生产,振兴经济的一项重要任务。从生产的投资、科研经费的安排、技术力量的配备等多方面给予足够的支持,保证选育工作的开展。②为了提高滩羊和中卫山羊的经济效益,应从生态系统、遗传育种、科学饲养管理及产品的加工利用等方面进行全面系统的研究工作。要充实滩羊、中卫山羊专业研究机构。同时，要充分发挥地方科研、教学单位和现有科技人员的积极作用，协作攻关。③四省(自治区)协作组，要加强协作和情报交流，认真落实各项协作计划，对已有的科研成果和先进经验要组织推广应用。1985年3月11～14日，在陕西定边县召开了四省(自治区)第四次滩羊选育协作会议。参加这次会议的有宁夏、甘肃、内蒙古、陕西四省(自治区)的科研、教学、生产单位及有关局、站、场的代表，还特邀了中国农业科学院兰州畜牧业研究所、中国羔皮裘皮羊研究会和西北农学院的专家光临指导，会议总结交流了滩羊选育、科研协作经验，对协作组的工作和活动表示满意。协作组在第三次协作会议后，编印了第二期《滩羊、中卫山羊科技资料汇编》1 500册，制定滩羊、中卫山羊科技名词术语30多条。为了提高科技人员业务素质，举办为期1个月30多人次参加的育种、生物统计培训班1期。通过多次四省(自治区)滩羊选育协作会议的召开和讨论，有效地促进了滩羊选育和研究工作进展，并取得了以下成就。

(二)滩羊选育和研究成就

1. 开展了滩羊品种资源调查，摸清了滩羊分布及资源情况

为了给滩羊本品种选育提供可靠资料，根据中央农林部指示，要求有关省(自治区)在1977年内分别组成滩羊调查组，进行一次品种调查。通过品种资源调查，摸清了滩羊数量与分布区的地理区域和滩羊分布区的地貌区域。滩羊主要产于宁夏回族自治区和与其相毗邻的甘肃、陕西、内蒙古四省(自治区)的28个县(市、旗)。

2. 开展了滩羊的生态遗传与选育和滩羊生态地理特征的研究

20世纪70年代中期，由中国科学院自然资源综合考察委员会的沈长江、郭爱扑、李玉详先生，中国科技大学的杨纪珂教授，中国科学院兰州沙漠研究所的邸醒民、温向乐先生,陕西植物研究所的陈一鹗、王宏杰先生,宁夏科学技术情报研究所的付金海和宁夏农业科学研究所的许百善先生等与盐池滩羊选育场、暖泉农场等单位组成了宁夏南部山区资源合理利用科学实验队,以盐池滩羊场为重点,研究了滩羊的遗传特性与生态特征;滩羊的主要遗传参数;提高滩羊质量的鉴定方法与选种方法;滩羊的近交效果和滩羊原产地的暖泉农场的滩羊的生态与遗传特征。通过调查和研究,并根据滩羊主要生态特征、遗传特性及其对生态环境的适应性的分析研究,将滩羊生态地理区做了如下的划分。Ⅰ. 最适区(即典型分布地区);Ⅱ. 适宜区(即次典型地区);Ⅲ. 勉强区(即过渡型地区);Ⅳ. 不宜区。显然以上 4 类地区发展滩羊生产的基本原则是不同的。

3. 制定了滩羊的国家标准(GB/T 2033—2008) 1980 年由宁夏回族自治区畜牧局和宁夏回族自治区农科院畜牧所等单位,根据多年对滩羊研究起草了滩羊的国家标准,上报中华人民共和国农业部和国家标准局进行鉴定审批后,于 1981 年 1 月 1 日试行,并于 2008 年发布最新版本滩羊标准对滩羊品种特征、生产性能和品质分级做了明确的规定,本标准的制定对滩羊选育、品种鉴别和等级鉴定起到了重要的指导作用。

4. 滩羊胚胎期皮肤生长及毛纤维发生的组织学研究 由原宁夏农学院畜牧兽医系和盐池滩羊选育场共同完成了"滩羊胚胎期皮肤生长及毛纤维发生的组织学研究"工作。通过该项研究,摸清了滩羊胚胎期皮肤生长及毛纤维发生的规律。

5. 滩羊胎儿期发育和生长的规律 在滩羊选育工作中,研究其生长发育的规律性,对滩羊特性的了解是很重要的。因此,就滩羊在胎儿期间,即从受胎后 45 天开始至初生期间,胎儿及其主要器官、骨骼的生长发育,羊毛生长的速度进行了研究。

6. 滩羊出生后生长发育的规律 对滩羊初生、1 月龄、5 月龄

（断奶）、1 岁、2 岁和成年 6 个阶段的体重、骨骼、肌肉、毛皮、内脏器官和内分泌腺、性腺等生长发育规律做了测定和研究。

7. 滩羊生产性能测定与研究　滩羊的生产性能由于生长地区和饲养条件等不同，所以各有差别。详见第三章之一，第四章之二、三。

8. 选择出了串字花和软大花两个优良花穗类型的品系　通过 30 多年的选育，在滩羊中选择出了串字花和软大花优良花穗类型的品系。在生产实践中用串字花公羊配串字花母羊和用软大花公羊配软大花母羊，可巩固各自原有的优点。用串字花公羊配不规则花穗的母羊，可提高后代毛股的弯曲数。因此，在滩羊选育和育种工作中，多采用品系间杂交的途径来提高二毛皮的品质。

9. 进行了滩羊毛品质分析研究，制定出了滩羊毛的地方标准　在 20 世纪 80 年代初，宁夏、甘肃相继对不同产区滩羊被毛主要品质进行了分析研究，分别测定了二毛皮有髓毛和无髓毛的细度、长度、纤维类型和密度，并制定了地方标准。滩羊毛地方标准的制定对滩羊毛品质鉴定和收购起到了非常重要的指导作用。

10. 滩羊主要经济性状相关、回归分析和遗传参数估测研究　开展了滩羊若干经济性状与二毛皮板面积的相关、回归分析，滩羊串字花品系数量性状遗传参数的估测，滩羊二毛期羊毛品质与裘皮质量的遗传相关分析，滩羊裘皮花穗的遗传规律及其应用的研究等研究工作。摸清了滩羊羔羊初生重、够毛重时活重与二毛皮面积呈正的中等线性相关，二毛日龄与二毛皮面积呈负的弱直线相关，初生毛长、初生弯曲数，够毛时弯曲数与二毛皮板面积均呈正的弱直线相关。通过回归分析的结果得出，在选择初生重、二毛重时其下限标准，初生重最好在 4 千克以上，够二毛羔羊活重最好在 8 千克以上。通过遗传相关分析，测定出滩羊主要性状的遗传力（h^2），初生毛长的 h^2 为 0.66，初生毛弯的 h^2 为 0.12，初生体重的 h^2 为 0.55，二毛毛长的 h^2 为 0.41，二毛弯曲数的 h^2 为 0.11，

二毛体重的 h^2 为 0.16,绒毛细度的 h^2 为 0.78,毛型比的 h^2 为 0.21。同时,得出初生毛弯与二毛弯曲数呈强的遗传相关,二毛毛长与二毛弯曲数呈强的负相关,毛型比与二毛弯曲数的遗传相关(0.51)属中等相关。通过统计分析表明,对二毛弯曲数直接影响最大的是初生毛弯(0.43),其次是二毛毛长(0.16)和毛型比(0.14),初生毛弯(0.20)和毛型比(0.04)对二毛弯曲数产生间接影响。

11. 滩羊 13 项血液指标和生理常值测定 由原宁夏农学院畜牧兽医系王晞玮教授等与暖泉农场杨生龙等对宁夏滩羊成年公、母、羯羊的体温、心率、呼吸、瘤胃运动、红细胞压积、血红蛋白量、红细胞数、血小板数、凝血时间、血沉、白细胞数及其分类、红细胞渗透抵抗力 13 项生理常值进行了测定。其结果表明:成年母羊、公羊和羯羊体温、心率、白细胞数、红细胞渗透抵抗力相接近;血沉、凝血时间公羊明显高于母羊和羯羊;血小板数公羊高于母羊,母羊又高于羯羊;红细胞数羯羊和母羊高于公羊;呼吸节律羯羊高于母羊,母羊高于公羊。在白细胞分类中,嗜酸性细胞、单核细胞、幼稚型、杆型细胞,三种羊都有一定差异。

12. 滩羊二毛皮花穗分类方法的研究 在滩羊本品种选育工作中,当对羔羊和二毛皮进行鉴定时,要根据花穗类型对其品质进行评价优劣。因此,我们根据以往的实践、部分实验室内分析以及结合群众的经验,研究和筛选出了滩羊的 3 个优良花穗类型,即小串字花、串字花和软大花。

13. 滩羊"三高一快"研究 由原宁夏农学院和盐池草原站在宁夏盐池草原实验站对滩羊进行了总增高、质量高、商品率高和周转快的"三高一快"5 年的试验研究工作。目的是根据牧草—家畜—畜产品这一生态系统的理论,通过对放牧畜种—滩羊生产的合理调整,来提高其对草原牧草的转化效率,进而达到增加畜产,提高草原生产能力。通过该项目的研究取得一些成果,运用草原季节畜牧业的生产规律,在早春(严重缺草期前)大量屠宰滩羊二毛羔羊,这样不仅能获得较高的经济效益,而且对母羊安全过冬及翌年的裘皮生产极为有利。对不宜作裘皮的羔羊,应充分利用生长旺季的牧草,以小群放牧的方式进行肥育,秋后屠宰当年获取畜产品。根据屠宰试验,10月龄的羯羊体重可达成年体重的70%,平均产肉量15千克。通过提高繁殖母羊的比例和繁殖成活率来提高总增率,5年中试验羊群繁殖母羊由36.5%提高到了67%,繁殖成活率由92.93%提高到了96.10%。总增率由33.92%增加到64.39%。只有在最大限度提高总增率的基础上控制净增,去劣存优,及时严格淘汰,才能加快羊群的周转率和滩羊选育的进展,有效提高滩羊的质量。

14. 滩羊的发情规律及一年两产或两年三产的研究　滩羊在放牧条件下,由于受自然条件,营养水平及品种遗传特性等多因素的综合影响,滩羊在繁殖性能上表现为晚熟晚育,母羊1岁体重仅相当成年体重的55%左右,2岁时为60%~80%,母羔到1.5岁甚至2.5岁才能发情配种,成年母羊1年1胎,每胎多为单羔,双羔率在草场较好的年份仅1%~3%,灾年发情季节推迟,甚至不发情。影响滩羊正常繁殖的因素很多,如纬度、光照、气候、品种遗传性和营养状况等。滩羊产区纬度较高,夏、秋季短,冬、春漫长,气候干旱,天然草场牧草稀疏低矮,枯草期长,四季营养供给极不平衡。因此,滩羊表现为季节发情。为了提高滩羊的繁殖率,增加裘皮产量,提高经济效益,宁夏进行了滩母羊的一年两产或两年三产试验和研究。繁殖母羊饲养由全年放牧转为舍饲饲养,舍饲母羊以粗料多汁饲料为主,精料仅占4.98%,日粮含可消化粗蛋白质56.86克,消化能3 525千卡。滩母羊转入舍饲后,由于满足了它的营养需要,滩羊表现出常年发情和出现产双羔现象。试验证明,通过改善滩母羊的饲养管理和营养水平,可实现一年两产或两年三产,且使母羊生产性能和羔羊各项品质大大提高。

15. 滩羊放牧条件下放牧加补饲的肥育试验与研究 宁夏在提高滩羊经济效益的研究和滩羊在不同地区采取多种形式肥育试验方面,取得不同效果。贺兰县草原站进行的《滩羊肉羊短期强度肥育试验》,不仅给滩羊羔羊早期断奶提供了依据,而且筛选出了较为理想的饲料配方,获得了较好的经济效益。通过对当年滩羊小羯羊进行肥育对比试验,结果表明:在放牧草场不好的情况下,试验组的羊在 65 天肥育期内平均活重增加 5.58 千克,而对照组的羊平均活重增加 2.45 千克,对照组的羊日增重为 37.5 克,而试验组的羊日增重为 90 克,对照组羊的屠宰率平均为 39.7%,试验组羊的屠宰率为 42.4%。经济效益比较明显,且胴体质量也好,肉味佳美。通过对乏瘦滩羊进行的肥育试验结果可见,滩羊经过肥育均能增加体脂沉积,改善肉质,提高产肉量和屠宰率以及经济效益。

16. 滩羊舍饲条件下滩羊肉质品质和营养成分的研究 从滩羊在放牧条件下放牧加补饲肥育试验结果和滩羊舍饲条件下产肉性能结果可以看出,滩羊舍饲可大大提高其产肉性能和肉品质。在放牧条件下滩羊经过放牧加补饲肥育后,平均宰前活重达到 34.63~37.58 千克,胴体重 13.33~15.53 千克,屠宰率为 40.44%~41.32%,产净肉 10.44~13.60 千克,胴体净肉率 74.03%~75.57%。而舍饲条件下,平均宰前活重达到 46.67 千克,胴体重 22.29 千克,屠宰率为 47.75%,产净肉 15.37 千克,胴体净肉率 77.52%。肌肉的粗蛋白质含量为 18.60%,肌肉内粗脂肪含量为 1.83%。滩羊肉内脂肪酸含量,硬脂肪酸(18C:0)为 15.14%,二十五碳五烯酸(C25:5,EPA)和二十二碳六烯酸(C22:6,DHA)的含量分别为 1.76%和 0.40%。不饱和脂肪酸(PUFA)和饱和脂肪酸(SFA)的比率(P:S)为 0.55(人类营养学认为 P:S 为 0.45 或稍高于此值为佳)。癸酸(C10:0)为 0.19%,十九碳烯酸(C19:1)为 0.20%。这些脂肪酸均与肉风味有关。滩羊肌肉内维生素 B_1 的含量为 0.1495 毫克/100 克鲜肉。肌肉中矿物元素含量，镁(Mg)为 15.35 毫克、钙(Ca)为 3.68 毫克、铁(Fe)为 2.41 毫克、铜(Cu)为 0.24 毫克、锰(Mn)为 0.03 毫克、锌(Zn)为 2.54 毫克。

17. 滩羊舍饲圈养配套技术的研究　宁夏从 2003 年 5 月 1 日起在全区封山禁牧或禁牧育草，实行羊只舍饲圈养。从此，宁夏饲养滩羊的方式从过去长年放牧转为全年舍饲圈养。于是，我们进行了滩羊舍饲圈养配套技术的研究。详见第七章有关内容。

四、滩羊生产、选育、发展和研究的方向

21 世纪我国滩羊面临的挑战，正是我国滩羊发展的任务。完成这些任务，根本出路在于实现滩羊养殖的两个根本性转变。实现滩羊生产产业化，才能实现现代化、科学化，要实行生产－加工－销售(市场)一体化经营管理。今后发展方向应综合考虑、综合发展、综合利用，二毛皮、肉、毛一起抓，逐步使滩羊产品走向"多元化"、"优质化"、"品牌化"和"礼品化"方向，使滩羊生产的产品适应国内外市场需求的变化；同时，还要以市场为导向，依靠市场需求拉动滩羊的发展。要依靠科技兴滩羊，将来要加大滩羊产品的精、深、细加工研究投入，滩羊的选育要从过去单纯的表型选择发展为表型选择加基因选择，要采取"以优获奖，以奖促选，以选提质，以质增效"的选育措施。使滩羊的生产由过去单纯生产二毛皮转向二毛皮、滩羊肉和滩羊毛多产品方向，综合开发利用滩羊产品的种类，实施名、优、新、特产品开发战略。

第七章　滩羊的饲养管理

一、滩羊的生物学特性

滩羊按绵羊品种的动物学分类属于长脂尾羊;按绵羊品种的生产性能属于裘皮用羊;按绵羊所产羊毛类型的不同分类属于粗毛羊。了解滩羊的生活习性,有助于人们更好地饲养管理和利用它,只有通过实践,多和它接触,才能更好地熟悉滩羊的生活习性。现将滩羊的主要生活习性说明如下。

合群性:滩羊的合群性较强。滩羊喜群居,长期以来,人们利用这种特性将滩羊进行大群放牧饲养和管理,节省劳力,节省饲料,降低饲养成本。如果突然将其单独分群或隔群会引起暂时的不安、鸣叫和减食等。

饲料利用性强:滩羊的食性广,利用植物种类或饲料广泛,无论天然牧草、树叶、灌木、青草、块根(茎)、瓜类,还有各种作物秸秆及农副产品均可作为滩羊的饲料。滩羊耐粗饲,饲料利用性强。

性喜干燥、怕湿热:滩羊最怕潮湿的牧地和圈舍,低洼潮湿的环境易使羊只患寄生虫病和腐蹄病。

靠嗅觉识别自己的羔羊:滩羊母羊识别自己的羔羊,主要靠嗅觉,视角和听觉仅辅助作用。羔羊吮乳时,母羊总要先嗅一嗅,以辨别是不是它自己的羔羊。

耐寒怕热:滩羊一般怕热不怕冷,冬季可以在雪中觅食,但在夏季炎热时,常有"扎窝子"现象。高温中羊只呼吸加快,采食降低,不上膘。

性情温驯,胆小易惊:滩羊的胆较小,在夜间稍有异常动作,声音等刺激。羊只出现惊群现象。受惊后羊只就不容易上膘。因此,管理人员平素对羊要和蔼,不应高声吆喝、扑打。

喜清洁卫生:滩羊对污染的饲料和不清洁的饮水,有时宁肯饿着肚子,亦不吃不喝,甚至它自己践踏过的饲草都不吃。因此,在饲养滩羊中一定要注意保持饲草料及饮水的卫生和生活环境的净化。

二、滩羊的营养需要

滩羊的营养需要按生理活动可分为维持需要和生产需要两大部分。按生产活动又可分为妊娠、泌乳、产肉、产毛。维持需要是指羊为了维持其正常的生命活动所需要的营养,如空怀的母羊,它不妊娠,亦不泌乳,只需维持需要。而生产需要则是以维持需要为基数,再加上繁殖、生长、泌乳、肥育和产毛的营养需要。

(一)滩羊需要的主要营养物质

1. 碳水化合物 又称为"糖类"。是自然界的一大类有机物质。是家畜的主要能源。它含有碳、氢、氧3种元素。其中氢和氧的比例大多数为2:1。它可分为"单糖"(葡萄糖)、"双糖"(麦芽糖)和"多糖"(淀粉、纤维素)。植物性饲料中,碳水化合物含量很高。子实饲料中,如淀粉、青草、青干草和蒿秆中的纤维素,以及甘蔗与甜菜中的蔗糖,都属于碳水化合物。碳水化合物是滩羊的主要能量来源。

2. 蛋白质 又叫"真蛋白质"、"纯蛋白质"。由多种氨基酸合成的一类高分子化合物,也是动植物体各种细胞与组织的主要组成物质之一。滩羊食入饲料蛋白质,能合成畜体蛋白质,是形成新的畜体细胞与组织的主要物质。蛋白质是家畜生命活动的基础物质。畜产品,如肉、奶、毛、角等均是蛋白质形成的。完成消化作用的淀粉酶、蛋白酶和脂肪酶,完成呼吸作用的血红素与碳酸酐酶,促进家畜代谢的磷酸酶、核酸酶、酰胺酶、脱氢酶及辅酶等都是蛋白质。畜体内产生的免疫抗体也是蛋白质。因此,滩羊日粮中必须供给足够的蛋白质,如果长期缺乏蛋白质就会使羊体消瘦、衰弱,发生贫血,同时也降低了抗病力、生长发育强度、繁殖功能及生产水平(包括产肉、产毛、泌乳等)。种公羊缺乏会造成精液品质下降。母羊缺乏会造成胎儿发育不良,产死胎、畸形胎,泌乳减少,幼龄羊生长发育受阻,严重者发生贫血、水肿,抗病力弱,甚至引起死亡。豆科子实、各种油饼(如亚麻仁油饼、菜籽饼、花生饼、棉籽饼和葵花籽饼)及其他蛋白质补充饲料(如肉粉、血粉、鱼粉、蚕蛹和虾粉)等均含有丰富的蛋白质,是滩羊的良好蛋白质饲料。

3. 脂肪 又称"乙醚提出物"。由甘油和各种脂肪酸构成。脂肪酸又分为饱和脂肪酸和不饱和脂肪酸。在不饱和脂肪酸中,亚油酸(十八碳二烯酸,又称亚麻油酸)、亚麻酸(十八碳三烯酸,又称次亚麻油酸)和花生油酸(二十碳四烯酸)是动物营养中必不可缺的脂肪酸,称为必需脂肪酸,羊的各种器官、组织、如神经、肌肉、皮肤、血液等都含有脂肪。脂肪不仅是构成羊体的重要成分,也是热能的重要来源。另外,脂肪也是脂溶性维生素的溶剂,饲料中的脂溶性维生素包括维生素 A、维生素 D、维生素 E、维生素 K 和胡萝卜素,只有被脂肪溶解后,才能被羊体吸收利用。羊体内脂肪主要有饲料中的碳水化合物转化为脂肪酸后再合成体脂肪,但羊体不能直接合成十八碳二烯酸(亚麻油酸)、十八碳三烯酸(次亚麻油酸)和二十碳四烯酸(花生油酸)3 种不饱和脂肪酸,必须从饲料中获得。若日粮中缺乏这些脂肪酸,羔羊生长发育缓慢,皮肤干燥,被毛粗直,成年羊消瘦,有时易患维生素 A、维生素 D、维生素 E 缺乏症。必需脂肪酸缺乏时,会出现皮肤鳞片化,尾部坏死,生长停止,繁殖性能降低,水肿和皮下出血等症状,羔羊尤为明显。豆科作物子实、玉米糠及稻糠等均含丰富脂肪,是羊脂肪重要来源,一般羊日粮中不必添加脂肪,羊日粮中脂肪含量超过 10%,会影响羊的瘤胃微生物发酵,阻碍羊体对其他营养物质的吸收和利用。

4. 粗纤维 是植物饲料细胞壁的主要组成部分,其中含有纤维素、半纤维素、多缩戊糖和镶嵌物质(木质素、角质等)。是饲料中最难消化的营养物质。各类饲料的粗纤维含量不等。饲料中以秸秆含粗纤维最多,高达 30%～45%;秕壳中次之,有 15%～30%;糠麸类在 10%左右;禾本科子实类较少,除燕麦外,一般在5%以内。粗纤维是羊不可缺少的饲料,有填充胃肠的作用,使羊有饱腹感,能刺激胃肠,有利于粪便排出。

5. 矿物质 矿物质是羊体组织、细胞、骨骼和体液的重要成分,有些是酶和维生素的重要成分,如钴是维生素 B_{12} 的重要成分;硒是谷胱甘肽过氧化物酶、过氧化物歧化酶、过氧化氢酶的主要成分;锌是碳酸酐酶、羧肽酶和胰岛素的必需成分。羊体缺乏矿物质,会引起神经系统、肌肉运动、消化系统、营养输送、血液凝固和酸碱平衡等功能紊乱,直接影响羊体的健康、生长发育、繁殖和生产性能及其产品质量,严重时可导致死亡。羊体内的矿物质以钙最多,磷次之,还有钾、钠、氯、硫、镁,这 7 种元素称为常量元素;铁、锌、铜、锰、碘、钴、钼、硒、铬、镍等称为微量元素。羊最易缺乏的矿物质是钙、磷和食盐。成年羊体内钙的 90%、磷的 87%存在于骨组织中,钙、磷比例为 2∶1,但其比例量随幼年羊的年龄增加而减少,成年后钙、磷比例应调整为 1～1.2∶1. 钙、磷不足会引起胚胎发育不良、佝偻病和骨软化等。植物性饲料中所含的钠和氯不能满足羊的需要,必须给羊补充氯化钠。

6. 维生素 是羊体所需的少量营养物质,但不是供应机体能量或构成机体组织的原料。在食入饲料中它们的含量虽少,但参加羊体内营养物质的代谢作用。是机体代谢过程中的催化剂和加速剂,是羊正常生长、繁殖、生产和维持健康所必需的微量有机化合物,生命活动的各个方面均与它们有关。如维生素 B_1 参与碳水化合物的代谢;维生素 B_2 参与蛋白质的代谢;维生素 B_{12} 参与蛋白质、碳水化合物与脂肪的代谢。维生素 D 参与钙、磷的代谢;当体内维生素供给不足时,即可引起体内营养物质代谢作用紊乱;严重时则发生维生素缺乏症。缺乏维生素 A,能促使羊只上皮角质化,如消化器官上皮角质化后,可使大、小肠发生炎症,导致溃疡,妨碍消化和产生腹泻,羔羊因缺乏维生素 A,经常引起腹泻;呼吸器官上皮角质化后,羊只易患气管炎及肺炎;泌尿系统上皮组织角质化后,羊容易发生肾结石及膀胱结石;皮肤上皮组织角质化后,则羊体脂肪腺与汗腺萎缩,皮肤干燥,失去光泽;眼结膜上皮角质化后,则羊只发生干眼症。胡萝卜素在一般青绿饲料中含量较高,如胡萝卜、黄玉米中含胡萝卜素丰富。羊主要通过小肠将胡萝卜素转化为维生素 A。多用这类饲料喂羊,可防止维生素 A 缺乏症。维生素 E 是一种抗氧化物质,能保护和促进维生素 A 的吸收、贮存,同时在调节碳水化合物、肌酸、糖原的代谢起重要作用。维生素 E 和硒缺乏都易引起羔羊白肌病的发生,严重时,则病羊死亡。青鲜牧草、青干草及谷实饲料,特别是胚油,都含丰富的维生素 E。B 族维生素和维生素 K 可由羊消化道中的微生物合成,其他维生素一般都由植物性饲料中获得。尽管反刍动物瘤胃微生物可以合成 B 族维生素,在羔羊阶段仍要在日粮中添加 B 族维生素。

7. 水 水是组成羊体液的主要成分,对羊体的正常物质代谢有特殊的作用。羊体的水摄入量与羊体的消耗量相等。羊体摄入的水包括饲料中的水、饮水与营养物质代谢产生的水;羊体消耗的水包括粪中、尿中、泌乳、呼吸系统、皮肤表面排汗与蒸发的水。如果羊体摄入的水不能满足羊体消耗的水量,则羊体存积水减少,严重时造成脱水现象,影响羊体的生理功能与健康。如果水的摄入量多于水的消耗量,则羊体中水的存积量增加。水是羊体内的一种重要溶剂,各种营养物质的吸收和运输,代谢产物的排出需溶解在水中后才能进行;水是羊体化学反应的介质,水参与氧化-还原反应、有机物质合成以及细胞呼吸过程;水对体温调节起重要作用,天热时羊通过喘息和排汗使水分蒸发散热,以保持体温恒定。

水还是一种润滑剂,如关节腔内的润滑液能使关节转动时减少摩擦,唾液能使饲料容易吞咽等。缺水可使羊的食欲减低、健康受损,生长羊生长发育受阻,成年羊生产力下降。轻度缺水往往不易发现,但常不知不觉地造成很大经济损失。羊如脱水 5% 则食欲减退,脱水 10% 则生理失常,脱水 20% 即可致死。构成机体的成分中以水分含量最多,是羊体内各种器官、组织的重要成分,羊体内含水量可达体重的 50% 以上。初生羔羊身体含水 80% 左右,成年羊含水 50%。血液含水量达 80% 以上,肌肉中含水量为72%~78%,骨骼中为 45%。羊体内水分的含量随年龄增长而下降,随营养状况的增加而减少。一般来讲,瘦羊体内的含水量为 61%,肥羊体内的含水量为 46%。羊体需水量受机体代谢水平、环境温度、生理阶段、体重、采食量和饲料组成等多种因素影响。每采食1 千克饲料干物质,需水 1~2 千克。成年羊一般每日需饮水 3~4千克。春末、夏季、秋初饮水量较大,冬季、春初和秋末饮水量较少。舍饲养殖必须供给足够的饮水,经常保持清洁的饮水。

(二)维持需要

滩羊在维持阶段,仍要进行生理活动,需要从饲草、饲料中摄入的营养物质,包括碳水化合物、粗蛋白质、粗脂肪、粗纤维、矿物质、维生素和水等。滩羊从饲草饲料中摄取的营养物质,大部分用来作维持需要,其余部分才能用来长肉、泌乳和产毛。羊的维持需要得不到满足,就会动用体内贮存的养分来弥补亏损,导致体重下降和体质衰弱等不良后果。只有当日粮中的能量和蛋白质等营养物质超出羊的维持需要时,羊才具有一定的生产能力。空怀母羊和非配种季节的成年公羊,大都处于维持状态,对营养水平要求不高。

(三)生产需要

1. 公、母羊繁殖对营养的需要 要使公、母羊保持正常的繁殖力,必须供给足够的粗蛋白质、脂肪、矿物质和维生素,因为精液中包含有白蛋白、球蛋白、核蛋白、黏液蛋白和硬蛋白。羊体内的蛋白质随年龄和营养状况而有所不同的含量,瘦羊体内蛋白质含量为16％,而肥羊则为11％。纯蛋白质是羊体所有细胞、各种器官组织的主要成分,体内的酶、抗体、色素及对其起消化、代谢、保护作用的特殊物质均由蛋白质所构成。合理调整日粮的能量和蛋白质水平,公、母羊只有获得充分的蛋白质时,性功能才旺盛,精子密度大、母羊受胎率高。公羊的射精量平均为1毫升,每毫升精液所消耗的营养物质约相当于50克可消化蛋白质。繁殖母羊在较高的营养水平下,可以促进排卵、发情整齐、产羔期集中,多羔顺产。

当羊体内缺乏蛋白质时,羔羊和幼龄羊生长受阻,成年羊消瘦,胎儿发育不良,母羊泌乳量下降,种公羊精液品质差,繁殖力降低。碳水化合物对繁殖似乎没有特殊的影响,但如果缺少脂肪,公、母羊均受到损害,如不饱和脂肪酸、亚麻油酸、次亚麻油酸和花生油酸,是合成公、母羊性激素的必需品,严重不足时,则妨碍繁殖能力。维生素A对公、母羊的繁殖力影响也很大,不足时公羊性欲不强,精液品质差。母羊则阴道、子宫和胎盘的黏膜角质化,妨碍受胎,或早期流产。维生素D不足,可引起母羊和胚胎钙、磷代谢的障碍。维生素E不足,则生殖上皮和精子形成上发生病理变化,母羊早期流产。B族维生素虽然在羊的瘤胃内可合成,但它不足时,公羊出现睾丸萎缩,性欲减退,母羊则繁殖停止。维生素C亦是保持公羊正常性功能的营养物质。饲料中缺磷,母羊不孕或流产,公羊精子形成受到影响,缺钙亦降低繁殖力。

2. 胎儿发育对营养物质的需要 母羊在妊娠前期(前3个月),对日粮的营养水平要求不高,但必须提供一定数量的优质蛋白质、矿物质和维生素,以满足胎儿生长发育的营养需要。在放牧条件较差的地区,母羊要补喂一定量的混合精料或干草。妊娠后期(后2个月),胎儿和母羊自身的增重加快,对蛋白质、矿物质和维生素的需要明显增加,50 千克重的成年母羊,日需可消化蛋白质 90～120 克、钙 8.8 克、磷 4.0 克,钙、磷比例为 2：1 左右。更重要的是,丰富而均匀的营养,羔裘皮品质较好,其毛卷、花纹和花穗发育完全,被毛有足够的油性,良好的光泽,优等羔裘皮的比例高。如果母羊妊娠期营养不良,膘情状况差,则使胎儿的毛卷和花穗发育不足,丝性和光泽度差,小花增多,弯曲减少,羔裘皮面积变小,同时羔羊体质虚弱,生活力降低,抗病力差,影响羔羊生长发育和羔裘皮品质。但母羊在妊娠后期若营养过于丰富,则使胚胎毛卷发育过度,造成卷曲松散,皮板特性和毛卷紧实性降低,大花增多,皮板增厚,也会大大降低羔裘皮品质。因此,后期通常日粮的营养水平比维持营养高 10%～20%,已能满足需要。

3. 生长时期的营养需要　营养水平与羊的生长发育关系密切,羊从出生、哺乳到 1.5～2 岁开始配种,肌肉、骨骼和各器官组织的生长发育较快,需要供给大量的蛋白质、矿物质和维生素,尤其在出生至 5 月龄这一阶段,是羔羊生长发育最快的阶段,对营养需求量较高。羔羊在哺乳前期(8 周)主要以母乳供给营养,采食饲料较少,哺乳后期(8 周)靠母乳和补饲(以吃料为主,哺乳为辅),整个哺乳期羔羊生长迅速,日增重可达 200～300 克。要求蛋白质的质量高,以使羔羊加快生长发育。断奶后到了育成阶段则单纯靠饲料供给营养,羔羊在育成阶段的营养充足与否,直接影响其体重与体型,营养水平先好后差,则四肢高,体躯窄而浅;营养水平先差后好,则影响长度的生长,体型表现不匀称。因此,只有均衡的营养水平,才能把羊培育成体大、背宽、胸深各部位匀称的个体。

4. 肥育对营养的需要　肥育的目的就是增加羊肉和脂肪,以改善羊肉的品质。羔羊的肥育以增加肌肉为主,而成年羊肥育主要是增加脂肪,改善肉质。因此,羔羊肥育蛋白质水平要求较高;成年羊的肥育,对日粮蛋白质水平要求不高,只要能提供充足的能量饲料,就能取得较好的肥育效果。

5. 泌乳对营养的需要 哺乳期的羔羊,每增重 100 克,就需母羊奶 500 克,即羔羊在哺乳期增重量同所食母乳量之比为 1∶5。而母羊生产 500 克的奶,需要 0.3 千克的饲料、33 克的可消化蛋白质、1.2 克的磷、1.8 克的钙。羊奶中含有乳酪素、乳白蛋白、乳糖和乳脂、矿物质及维生素,这些营养成分都是饲料中不存在的,都是由乳腺分泌的。当饲料中蛋白质、碳水化合物、矿物质和维生素供给不足时,都会影响羊乳的产量和质量,且泌乳期缩短。因此,在羊的哺乳期,给羊提供充足的青绿多汁饲料,有促进产奶的作用。

6. 产毛对营养的需要 羊毛是一种复杂的蛋白质化合物,其中胱氨酸的含量占角蛋白总量的 9%～14%。产毛对营养物质的需要较低。但是,当日粮的粗蛋白水平低于 5.8% 时,就不能满足产毛的最低需要。矿物质对羊毛品质也有明显影响,其中以硫和铜比较重要。毛纤维在毛囊中发生角质化过程中,有机硫是一种重要的刺激素,既可增加羊毛产量,也可改善羊毛的弹性和手感。饲料中硫和氮的比例以 1∶10 为宜。缺铜时,毛囊内代谢受阻,毛的弯曲减少,毛色素的形成也受影响。严重缺铜时,还能引起铁的代谢紊乱,造成贫血,产毛量也下降。维生素 A 对羊毛生长和羊皮肤健康十分重要。放牧羊在冬、春季节因牧草枯黄后,维生素 A 已基本上被破坏,不能满足羊的需要。对以舍饲饲养为主的羊,应提供一定的青绿多汁饲料或青贮料,以弥补维生素的不足。

滩羊在放牧和舍饲饲养条件下,各种营养成分基本能满足滩母羊和羔羊的营养需要。40 千克体重的滩羊需要干物质(DM)1.44 千克,代谢能(ME)10.46 兆焦,粗蛋白质(CP)116.00 克,可消化粗蛋白质(DCP)70.00 克,钙 3.00 克,磷 2.00 克。滩羊在放牧饲养条件下,每天能获得干物质 1.51 千克,代谢能 10.08 兆焦,粗蛋白质 147.40 克,可消化粗蛋白质 46.40 克,钙 2.00 克,磷

0.30 克。舍饲的滩羊每天可摄取干物质 1.08 千克,代谢能 11.08
兆焦,粗蛋白质 131.17 克,可消化粗蛋白质 101.24 克,钙 5.00
克,磷 2.27 克。25 千克的羔羊需要干物质 0.72 千克,代谢能
6.69 兆焦,粗蛋白质 112.00 克,可消化粗蛋白质 68.00 克,钙
3.60 克,磷 1.80 克。在放牧饲养条件下的羔羊每天可获得干物
质 0.79 千克,代谢能 7.95 兆焦,粗蛋白质 203.00 克,可消化粗蛋
白质 138.00 克,钙 1.60 克,磷 0.20 克。舍饲的滩羊每天可摄取
干物质 0.68 千克,代谢能 6.92 兆焦,粗蛋白质 81.98 克,可消化
粗蛋白质 63.28 克,钙 3.13 克,磷 1.42 克。

　　大多数农户对舍饲滩羊的混合料配合缺乏科学合理性,且羔
羊与成年羊饲料组成相同。出现舍饲羊干物质采食量不足,既低
于营养需要也低于牧草丰盛期的放牧羊只;其中羔羊干物质与蛋
白质采食量均不足。放牧羊的营养状况则显示营养成分不均衡,
牧草丰盛期,蛋白质远远高于营养需要,成年母羊的粗蛋白质采食
量甚至比营养需要高出 127.07%,羔羊也高出营养 81.25%。而
在枯草季节则各种养分均处于贫乏状态。

三、滩羊各类羊的饲养方法

(一)种公羊的饲养管理

　　种公羊的饲养管理总的来讲,养的要好。种公羊养的好坏,对
提高滩羊生产性能和繁殖育种关系极大。

　　对种公羊的饲养要求,是体质结实,不肥不瘦,常年应保持中
上等膘情,健壮、活泼、精力充沛,性欲旺盛,精液品质好为原则。
过肥过瘦都不利于配种。

　　对饲喂公羊的饲料,要求饲料营养价值高,容易消化,适口性
好。如苜蓿干草,青莜麦干草,燕麦干草和燕麦,大麦、豌豆、黑豆、
玉米、高粱、豆饼等。据研究,种公羊 1 次射精量 1 毫升,需要可消
化蛋白质 50 克。在饲养上,应根据公羊的饲养标准来配合,结合

公羊的体况和表现,再做些调整。放牧羊群的种公羊应选择优质的天然或人工草场放牧。补饲日粮应富含蛋白质、维生素和矿物质,各种饲料品质优良、易消化、体积较小和适口性好等。在管理上,可采取单独组群饲养管理,并保证有足够的运动量。在生产实际中,种公羊最好的饲养方式是放牧加补饲。种公羊的饲养管理可分为配种期和非配种期。

1. 配种期的饲养 配种期包括配种预备期(配前 1～1.5 个月)和配种期。配种预备期应增加精料,日粮由非配种期逐渐增加到配种期的标准。种公羊在配种期内要消耗大量的养分和体力,尤其是配种任务繁重的优秀公羊,体力消耗更大,每天除补饲 1.5 千克的混合精料外,应在日粮中增加一些动物性蛋白质饲料(如牛奶、鸡蛋等),以提高精液品质。配种期种公羊的饲养管理要做到认真、细致,经常观察公羊的精神状况,采食、饮水、运动及粪、尿排泄等情况。在配种前 1～1.5 个月,逐渐调整种公羊的日粮,不断增加混合精料的比例,同时进行采精训练和精液品质检查。种公羊在配种前 1 个月开始采精,检查精液品质。开始采精时,1 周采精 1 次,以后 1 周 2 次,再每 2 天 1 次。到配种时,每天采精 1～2次,成年公羊每天采精最多 3～4 次。多次采精者,两次采精间隔时间为 2 小时,使公羊有休息时间。发现精子密度较低的公羊,应增加动物性蛋白质和胡萝卜的喂量,每天可喂 1～2 枚鸡蛋;对精子活力较差的公羊,要增加运动量。放牧饲养的种公羊,除保证优质牧草放牧外,每只公羊每天补饲 1～1.5 千克的混合精料。舍饲饲养的种公羊,日粮中优质禾本科干草占 35%～40%,多汁饲料占 20%～25%,精料占 40%,并要加强运动。配种期每日饲料定额大致如下:混合精料 1.2～1.4 千克,苜蓿干草或野干草 2 千克,胡萝卜 0.5～1.5 千克,食盐 15～20 克,骨粉 5～10 克,血粉或鱼粉 5 克。分 2～3 次给草料,饮水 2～3 次。每日放牧及运动时间约 6 小时。

种公羊的日常管理应由责任心强,有丰富饲养经验的专人负责,管理人员保持长年相对稳定。种公羊要单独组群放牧、舍饲,避免公、母羊混群饲养。在配种期,公羊要远离母羊舍,以减少发情母羊和公羊之间的相互干扰。种公羊圈舍要宽敞坚固。保持清洁、干燥,定期消毒。对种公羊要定期检疫和预防接种有关疫苗,做好体内外寄生虫的防止工作。平时要认真观察种公羊的精神状况、食欲等,发现异常,立即报告兽医人员。

2. 非配种期的饲养 种公羊配种结束后,体况明显下降。因此,种公羊在非配种期的饲养以恢复体况为目的。为使体况很快恢复,在配种刚结束的1～2个月内,种公羊的日粮应与配种期基本一致,但在日粮的组成上可做相应的调整,适当增加优质青干草或青绿多汁饲料的比例,并根据公羊体况恢复情况,逐渐转为非配种期的饲喂日粮。对以放牧为主的种公羊,非配种期除放牧外,冬季每日补喂混合精料500克,干草3千克,胡萝卜0.5千克,食盐5～10克,骨粉5克。春、夏季节以放牧为主,另补混合精料500克。每日喂3～4次,饮水1～2次。

(二)繁殖母羊的饲养管理

繁殖母羊是羊群的基础。合理的饲养繁殖母羊可以保证其正常发情、配种、提高受胎率及产羔率,且羔羊比较健壮,生长发育迅速。繁殖母羊的饲养管理,可分为空怀期、妊娠期和泌乳期3个阶段。

1. 空怀期的饲养管理 母羊空怀期饲养的主要任务恢复体况。滩羊的空怀期一般在5～8月份。这期间天然牧草繁茂,营养丰富,应抓紧放牧或加强舍饲,使母羊尽快复壮,为配种打好满膘基础。为保持母羊有良好的配种体况,要尽可能做到全年均衡饲养,尤其要加强配种前母羊的补饲,放牧的母羊须在牧草生长茂盛、草质优良的牧地上放牧,舍饲的母羊在配种前多喂青绿、多汁饲料。一般在生产实践中,配种前1个月要进行短期优饲,提高日粮的营养水平,以促使母羊发情整齐,增加排卵数,提高受胎率和产羔率。

2. 妊娠期的饲养管理　母羊的妊娠期为 5 个月。一般将母羊的妊娠期分为妊娠前期(3 个月)和妊娠后期(2 个月)。

(1)妊娠前期的饲养管理　母羊受胎后的前 3 个月,因为胎儿生长发育缓慢,需要的营养水平不太高,加上这阶段天然草场牧草大部分已结籽,营养丰富,一般母羊不补饲通过加强放牧即可满足母羊和胎儿发育的营养需要;对配种、妊娠早的母羊应每只每天补饲优质干草 1.0～2.0 千克或青贮饲料 1.0～2.0 千克,精料 0.2 千克。舍饲的母羊要尽量利用秋收后的茬地放牧和运动。妊娠前期母羊的管理以保胎,防止流产为主。

(2)妊娠后期的饲养管理　母羊妊娠的最后 2 个月为妊娠后期,这一阶段胎儿生长发育很快,母羊本身也需要蓄积大量的养分,以备泌乳期内泌乳的需要。妊娠后期母羊的腹腔容积因胎儿发育变小,对饲料干物质的采食量相对减少。因此,必须注意饲喂妊娠母羊的饲料种类,适当增加精料的比例。每只羊每天补精料 0.3～0.5 千克,青干草 1.0～1.5 千克,青贮饲料 1.5 千克,并注意补饲胡萝卜、食盐、骨粉。产前 1 周,要适当减少精料的喂量,以免胎儿体重过大而造成难产。放牧的妊娠母羊,临产前 1 周不要放牧太远。妊娠母羊的管理要细心、周到,出牧、归牧、饮水、补饲时都要慢、稳,防止拥挤和滑倒,严禁跳沟、跳崖,最好在较平坦的牧地上放牧。禁止追捉、惊扰羊群和饲喂发霉、腐败、变质、冰冻的饲料以及饮冰水或过冷的水,以防造成流产。

3. 哺乳期的饲养管理　羊的哺乳期一般为 90～120 天,分为哺乳前期(产后 2 个月)和哺乳后期(2 个月到断奶)。滩羊羔羊的哺乳期因生产目的不同而有差异。如果生产二毛皮,羔羊哺乳到 30 天左右够毛时屠宰后,母羊即可停止哺乳。而如果羔羊留作种用或繁殖用,则羔羊需要哺乳 120 天左右才能断奶。

(1)哺乳前期的饲养管理　羔羊出生后的 1 个月内,母乳是羔羊重要的营养物质来源,尤其是出生后 15～20 天内,几乎是唯一的营养物质。这一阶段要保证哺乳母羊全价饲养,以提高泌乳量。母羊泌乳量越多,羔羊的生长越快,发育越好,抗病力越强,成活率就越高。母羊产羔后泌乳量逐渐上升,在 4～5 周达到泌乳高峰,8 周后逐渐下降。泌乳性能好的母羊往往比较瘦弱。因此,要根据母羊带羔的多少和泌乳量的高低,搞好母羊的补饲。带单羔的母羊,每天补喂精料 0.3～0.5 千克,优质干草 0.5 千克,胡萝卜 0.5 千克;带双羔或多羔的母羊,每天补喂精料 0.6～0.8 千克,优质干草 1.0 千克,胡萝卜 0.5 千克。对体况好的母羊,产后 1～3 天尽量不补精料,以免造成消化不良或发生乳房炎。3 天后逐渐增加精料的喂量,同时补喂一些优质干草和青绿多汁饲料,使母羊多泌乳,保证羔羊生长发育良好。

(2)哺乳后期的饲养管理　哺乳后期母羊的泌乳量下降,即使加强母羊的补饲,也不能继续维持其高的泌乳量,这一阶段单靠母乳已不能满足羔羊生长发育的需要。加之羔羊可采食一定量的优质饲草饲料,对母乳的依赖程度减小。因此,在泌乳后期应逐渐减少对母羊的补饲,重点要放在羔羊的补饲上。到羔羊断奶后母羊可采取放牧饲养,舍饲的母羊可饲喂空怀母羊的日粮。但对体况下降明显的瘦弱母羊,要继续补喂一定量的干草和青贮饲料,使母羊尽快恢复体况,为下一个配种期保持良好体况。

(三)羔羊的饲养管理

羔羊是指断奶前处于哺乳期的羊只。滩羊大多数是产冬羔,或早春羔。羔羊在哺乳期生长发育快,合理地进行羔羊培育,既能使其充分发挥遗传潜力,又能加强外界条件的同化和适应能力,有利于个体发育,提高生产力。要提高羔羊的成活率,培育出健壮、体型良好的羔羊,必须掌握 3 个关键。

1. 尽早吃到初乳　羔羊出生后,一定要让羔羊尽早吃到初乳,初乳较浓,含的矿物质较多,特别是镁多,有利于羔羊胎便的排出。初乳与正常乳不同,初乳中含有丰富的蛋白质(17%~23%)、脂肪(9%~16%)、矿物质等营养物质和抗体,羔羊吃到初乳后,对增强羔羊体质、抵抗疾病和排出胎粪具有促进作用,对吃不到初乳的孤羔,要找保姆羊寄养,尽快吃到初乳。羔羊吃了初乳,在1~3天内就会逐渐排出黄色、黏稠的胎便。对初生弱羔、初产母羊或护子行为不强的母羊所产的羔羊,需要人工辅助羔羊吃奶。对个别初产母羊或产后不认自己羔羊的母羊,要采用拴系或挖地坑的办法,把母羊保定住,把羔羊推到母羊的乳房跟前,牧工用手把乳头放在羔羊嘴中,羔羊就会吸乳,辅助几次,羔羊就会自己找母羊的乳头吸乳了。这样将母羊和羔羊控制在一起,让母羊和初生羔羊共同生活7天左右,才有利于初生羔羊吮吸初乳和建立母子感情。母羊哺羔时,常嗅羔羊的尾根部,以嗅觉辨认它自己的羔羊,羔羊则不断地摇尾。羔羊出生后20天左右就开始吃草料,为了避免母羊抢吃羔羊的草料,应在圈内为羔羊设补饲栏,只能让羔羊进去,自由采食。饲喂时,少给勤添,待全部羔羊都会吃料后,再改为定时、定量补料,每只羔羊每天可补喂精料50~100克。对缺奶羔羊和多胎羔羊,应找好保姆羊或人工哺乳,可用牛奶、山羊奶、奶粉和代乳品等。由于牛奶、山羊奶中脂肪和蛋白质含量低于绵羊奶,在用牛奶、山羊奶喂羔羊时,喂量要增大,才能保证羔羊正常生长发育。人工哺乳的关键技术是一定要做到清洁卫生,定人、定时、定量、定温(35℃~39℃)。“定人”就是固定专人喂养,熟悉羔羊生活习性,掌握吃饱程度、喂奶温度、喂奶量以及羔羊食欲变化,健康与否等;“定温”是要掌握好补喂羔羊的人工乳或牛奶温度。一般冬季的奶温在35℃~41℃,夏季奶温可略低;“定量”是每次喂量掌握在“七成饱”的程度,切忌喂得过量。一般全天喂奶量相当于初生重的1/5为宜。但随着羔羊日龄的增长,喂奶量也要增加,每隔7~8天比前期喂量增加1/4~1/3;“定时”是指饲喂羔羊的时间要固定,形成条件反射和规律,一般初生羔羊每天喂 6 次,每隔 3～5 小时喂 1 次,10 天以后每天喂 4～5 次,到羔羊吃草或吃料时,可减少到 3～4 次。哺乳工具可用奶瓶或奶桶。哺乳用具要每天清洗,定期消毒,保持清洁卫生,否则羔羊易患消化道疾病。

2. 做好羔羊的补饲 羔羊 1 月龄后,逐渐转变为以采食饲草饲料为主,哺乳为辅。因此,羔羊 1 月龄后,每天应补给一定量的草料。1～2 月龄每天补喂 2 次,补精料 150～200 克,青干草自由采食;3～4 月龄每天补喂 3 次,补精料 200～250 克,青干草自由采食。补喂羔羊的饲料要多样化,最好有豆饼、玉米、麸皮等 3 种以上混合饲料和优质干草及苜蓿、青刈大豆等优质饲料。胡萝卜切碎与精料混喂,羔羊最爱吃。饲喂甜菜每天不能超过 50 克,否则会引起腹泻。羔羊舍内设水槽和食盐槽或放盐砖。也可在精料中混入 2% 的食盐和 2.5%～3.0% 的矿物质添加剂饲喂。羔羊补饲应该先喂精料,后喂粗料,而且要定时、定量喂给,否则不易上膘。

3. 做好羔羊的断奶 目前,我国羔羊多在 3～4 月龄断奶。有的国家对羔羊采取早期断奶,在生后 1 周左右断奶,断奶后再用代乳品进行人工哺乳。还有生后 45～50 天断奶,断奶后饲喂植物性饲料,或在优质人工草地上放牧。羔羊断奶一般不要超过 4 月龄。断奶后,有利于母羊恢复体况,准备配种,也能锻炼羔羊独立生活的能力。羔羊断奶多采用一次性断奶的方法,即将母仔分开后,不再合群。断奶后将母羊移走,羔羊继续留在原羊圈饲养,让羔羊保持原来的环境。母仔刚隔离 1～2 天,羔羊和母羊精神不安,鸣叫,经过 4～5 天断奶即可成功。断奶后,羔羊按性别、体质强弱、体格大小等因素分群放牧或舍饲饲养。放牧群的羔羊断奶后,每天放牧后要适当补饲,促使断奶羔羊正常生长发育。

(四)育成羊的饲养管理

育成羊是指羔羊断奶后到第一次配种的幼龄羊,多在 4～18 月龄。羔羊断奶后的 5～8 个月生长发育快,增重强度大,对营养水平要求较高。一般公羔的生长速度较母羔快,因此育成羊应按性别、体重分别组群和饲养。10 月龄后羊的生长发育强度逐渐下降,到 1.5 岁生长基本结束,在生产实践中一般将羊的育成期分为 2 个阶段,即育成前期(5～8 月龄)和育成后期(8～18 月龄)。育成前期羊的生长发育快,瘤胃容积有限且功能还不完善,对粗饲料的消化利用能力较弱。这阶段的放牧羊除放牧外要适当补喂精料。舍饲的羊最好饲喂优质青干草和青绿多汁饲料。因此,在育成前期一定要加强营养,使羊的体格发育好,这样有利于配种和今后生产潜力的发挥。育成后期羊的瘤胃发育成熟,消化功能完善,大量采食牧草和农作物秸秆可以充分消化利用。这一阶段,育成羊应以放牧为主,适当补喂少量混合精料或优质青干草。对舍饲的育成羊,要注意合理搭配精粗饲料,一般精粗比为 4:6,饲喂的饲料要多样化,以青干草、青贮饲料、块根块茎及多汁饲料等,尤其要注意矿物质如钙、磷、食盐和微量元素的补充。同时,还要注意加强运动,调整体况,适时配种。一般育成母羊在 12～18 月龄时,或体重达到成年羊体重的 70% 以上时即可参加配种。但值得注意的是育成母羊发情不明显,因此要加强发情鉴定或观察,以免漏配。

四、放　牧

　　滩羊是最适宜放牧的一种家畜,滩羊终年放牧,依靠天然草场维持生活与生产,亦唯有放牧,才能节约饲料开支,降低畜产品成本,获得最好的经济效益。放牧好,可以使羊只抓好膘;母羊发情整齐,胎儿发育好,产羔适时,母羊泌乳力好,羔羊成活率高,"母壮仔肥",二毛皮质量高。增强抗春乏能力,抵御自然灾害的影响。

　　在自由放牧状态下,滩羊放牧行程远,采食时间长,休息时间短。滩羊的放牧具有采食量大、采食速度快、择食性广等特点。在一个放牧日中,采食速度表现为"中间低,两头高",在生产上应充分利用"两头高"的特点,夏季早出牧,晚归牧。

(一)滩羊放牧行为及采食量

成年滩羊和当年断奶羔羊的日平均采食速度分别为 53.5 口/分和 41.2 口/分,日平均采食干物质量分别为 1.51 千克和 0.79 千克。成年滩羊的日平均游走、采食、卧息和反刍时间分别为 149.1 分钟、408.0 分钟、10.0 分钟和 2.5 分钟,日平均饮水量达 6.68±1.51 升/只。滩羊的放牧行为时间,见表 7-1。

表 7-1　滩羊放牧行为时间　(单位:分钟)

群　别	游　走	采　食	卧　息	反　刍	饮　水	合　计
A	164.1	368.8	11	3.0	2.1	567.0
B	134.0	429.9	9	2.0	1.2	576.1
平　均	149.1	408.4	10	2.5	1.7	571.6

滩羊所采食的牧草达 49 种之多,但以长芒草、牛枝子、刺叶柄棘豆、短花针茅等 9 种牧草的采食次数较多。这说明滩羊的择食范围既集中又广泛,且具有选食蛋白质含量高,粗纤维含量低牧草的能力。

滩羊的放牧采食速率,见表 7-2。

表 7-2　滩羊的放牧采食速率　(单位:口/分钟)

时　间	成年羊	羔羊
A	53.87	40.60
B	52.70	41.80
平　均	53.29	41.20

滩羊的采食量,见表 7-3。

表 7-3　滩羊的采食量

类　别	采食量 (克)	采食时间 (分钟)	采食速率 (口/分钟)	日平均采食量（千克）	
				鲜重	干重
成年滩羊	21.15 *	408.0	53.3	4.59	1.70
当年断奶羔羊	14.38 *	408.0	41.2	2.41	0.90

注：* 为 100 口采食牧草重量

滩羊采食干物质量及其营养含量，见表 7-4。

表 7-4　滩羊采食干物质量及其营养含量　（单位：千克、千克/只、千焦、克）

类　别	体重	干物质	代谢能	消化能	粗蛋白质	可消化 粗蛋白质	钙	磷
成年滩羊	40	1.51	2.41	2.95	263.4	116.4	2.0	0.3
成年羊 NRC 标准	40	1.40	3.00	3.60	156.0	84.0	5.5	3.0
比　较		−0.11	−0.59	−0.65	+107.4	+32.4	−3.5	−2.7
滩羔羊	20	0.79	1.90	2.30	203.3	138.2	1.6	0.2
羔羊 NRC 标准	20	1.00	2.63	3.21	160.0	115.0	3.6	2.4
比　较		−0.21	−0.37	−0.91	+43.3	+23.2	−2.0	−2.2

与美国 NRC 饲养标准相比，成年滩羊母羊每日每只摄入的干物质量基本相等，而代谢能、消化能、钙、磷均不足，且相差较大，唯粗蛋白质的日摄入量高于 NRC 标准约 69%，当年断奶羔羊的情况与成年滩羊基本相似，其粗蛋白质的日摄入量高出 NRC 标准的 27%。

滩羊的饮水量，滩羊一年四季的饮水习惯是：立夏至白露，每24 小时饮水 1 次，其他季节每 36 小时饮水 1 次。6 月份滩羊的饮水量较大，达 6.68±1.51 升/日·只，饮咽次数为 19～36 口/分。

(二)滩羊的放牧技术

膘是基础。"有膘身强体壮,无膘百病缠身"。羊只的放牧,首要的任务是抓膘,在抓膘期千方百计地抓好膘。

滩羊的抓膘期,一年中有两个高峰,即6月份羊只吃饱青的时候;9~10月份抓秋膘的时候。因此,根据滩羊抓膘的规律,采取"抓两头,促中间"的放牧方法,即抓好青,促使羊只迅速恢复底膘,在9~10月份抓好秋膘,沉积较多的脂肪,保证羊只安全过冬。如果春季抢青不稳,羊只不能及时恢复体力,入夏之后,天气暑热,蚊蝇又多,抓不好夏膘,到了秋季,即使抓了膘由于没有底膘,到了寒冬,几场风雪和寒流,膘情就会很快掉下去。滩羊产区长期的实践,总结出"春抓底膘,夏抓肉膘,秋抓油膘,冬保原膘"的抓膘经验。所以,牧羊要时时刻刻注意"膘"字,使羊只达到膘满肉肥。

滩羊放牧的队形基本有两种:一条鞭和满天星。这是按照牧草的密度、优劣、草地的陡缓、季节及羊的采食情况而定的。一条鞭亦称一条线,适用于植被均匀的中等牧场上放牧羊群,排成一列横队,领群的羊工在前面,离羊群8~10米远,左右移动并缓缓后退,引导羊群前进,羊群在横队里以3~4层为宜,不能过密,否则后面的羊,就采不到好草。

满天星队形,是将羊群散布在一个轮牧小区或一片草地范围内,让羊自由采食,羊工站在羊群中间监视羊群不使羊越界或过分分散,直到牧草采食完后,再转移到新的草地上去。这种队形适合于牧草特别优良,产草量很高的草场,或牧草特别稀疏,且生长不均匀的草场,如荒漠、半荒漠草场。

不论放牧用什么队形,要让羊群一日吃三饱。群众总结的经验是:"一天能吃三个饱,一年能产两茬羔;羊吃两个饱,一年一个羔;羊吃一个饱,性命也难保"。这是放牧抓膘的标志,是牧工长期的经验总结。要在放牧时,达到三个饱的要求,尤其在草原草生稀薄的年景,就需要牧工多辛苦,只有早出牧,天一亮就放羊,晚归牧——满天星星才回圈，尽量延长放牧时间，才能保证羊只吃饱。只有长年累月吃饱，才能多长膘。羊只有了膘，体内积累了大量的脂肪、蛋白质，才能有较强的抗灾能力。

　　早出晚归，让羊群多吃少跑，适当延长放牧时间。对于冬春羊只放牧尤为重要。在春季放牧时，要注意"躲青"；夏季放牧时，要选高山草地放牧，注意防蚊、防蝇；秋季放牧时，要将放坡地和跑茬相结合抓好秋膘；冬季放牧时，要做到晚出牧、早归牧，严禁让羊群吃冰、霜冻草，以免造成羊只流产。

　　滩羊放牧技术上强调一个"稳"字，放牧要稳，饮水要稳，出入圈要稳。牧羊工中流传着："抢青稳当，一年稳当"，又说"三勤四稳"，"勤挡稳顶"，由此可见，放羊总离不开"稳"字。"稳"字当先有深刻的科学道理。如果放不稳，体力消耗大，热能消耗多，膘分就差。放的稳，少走路，多吃草，能量消耗少，膘情就好，为了做到"稳"字当先，必须熟练地"领羊"、"挡羊"、"折羊"、"喊羊"，控制羊群。"领羊"是在羊群前慢走，羊群跟着人走，主要用于饮水及归牧；"挡羊"是人来回走在羊哨前，使羊群齐齐向前推进；"喊羊"是放牧时，呼以口令，使落伍的羊只跟上哨，使抢先的羊回到哨位上。这三种控制羊群的方法好掌握。"折羊"是改变羊群前进的方向，将羊群拨到既定的草路、水路上。这是控制羊群十分重要的方法，如果不会折羊，羊群极不稳定，时而围绕成团；时而前前后后，走的走，跑的跑，吃的吃；时而分成两股，向两端分离，这些现象，牧工叫"扯哨"，"漏哨"，这样，羊群走不展，羊哨推不齐，放不到草场上，而羊群却成天处于追赶之中，体力遭受严重耗竭。正确的折羊方法是从羊哨中间穿过，走到羊群后面，如果羊群向东前进，一哨头在北，一哨头在南，欲改为向南前进，那就"抗"北哨，使之与南哨成一直角，然后从哨中回到哨前，压住南哨，使羊群成"一条鞭"状。折羊时，如果不是从哨中上下，而是从哨边上下，必然出现"扯哨"现象。同时，折哨时，脚步要轻，不能性急，须站一站，走一走，不断喊令羊只注意，让羊只边走边吃，逐渐改变方向，切忌赶羊。控制羊群，不可太紧，牧工说："三分由羊，七分由人"，如控制太紧，羊群走不开，去路不展，影响羊只抓膘。在四季放牧中，春天抢青，适当控制，利用抢青训练放牧队形。使之走慎、走稳，吃饱吃好。夏季则稍加控制，避免羊只"躁"。秋、冬应控制紧些，有利于抓膘、保胎和保膘。

在滩羊终年放牧中，要掌握四季放牧特点。自由放牧时，四季牧场的选择，可用"春洼、夏岗、秋平、冬暖"八个字来概括。冬天，气候寒冷，容易掉膘，所以要选择在平坦、温暖背风，或山间小盆地，水源充足多草的草场放牧。春天，选择向阳温暖的地方，由于洼地有枯草，同时洼地的牧草返青早，可以连青带枯一起吃，防止跑青。夏天，天气炎热，选择高山草原，凉爽，蚊蝇又少，把羊放牧在高梁，通风凉爽，防止受热，利于抓膘。秋天，天高气爽，牧草结籽，庄稼收获后，很多牧草新鲜幼嫩，放牧茬地，利于增膘。牧工的经验是"冬放暖窝春放崖，夏放梁头秋放茬"。

立春——清明，这时羊群的体况是"九尽羊干"，十分乏弱，每日游走十里就感到困难。草场上牧草稀薄，青黄不接，加之时常出现春寒，容易造成死亡。这时，对于乏弱的羊只，除注意放好外，还要给予一定的补饲，使其体重保持在最高体重的 60%，以便到抢青时，能维持抢青体况，不致因跑青乏死羊。此阶段羊只主要采食的牧草是梭草、黄蒿芽、马莲、冷蒿以及白草的残枝叶。

清明——立夏，"羊盼清明，驴盼夏"，到了清明，羊只进入了抢青阶段。这时，羊只采食到的牧草，主要是梭草、麦秧子、黄蒿芽、冰草。

立夏，羊群度过了抢青关，吃饱了青，有了体力。气候不冷不热，很适宜羊只的生理要求，所以，立夏到夏至是羊只第一个抓膘高峰，应早出晚归，延长放牧时间，促进第一高峰的形成。这时，羊只采食的主要牧草是白草、枝儿条和猫头刺花。

从小暑以后，天气闷热，滩羊是怕热的家畜，不利于抓膘，夏天放羊，要防止羊"生躁"（盐池地方话），即三五成群，低头互找身影庇荫，不动不食。防止羊躁，应从春天抢青时，就要注意，以开散的放牧队形，并训练羊只顶太阳，逐日训练，锻炼不怕太阳的耐热性。同时，夏天放羊，不宜折羊。剪毛后，对羊只进行清水浴，洗掉身上的沙子，就可防止羊只生躁，让羊只多吃草，以利抓膘。

立秋，羊只出现第二个抓膘高峰。这时，羊只要多抢茬，多采食草籽。其中，以枝条儿最好，因为结籽数量多，营养丰富，羊群吃了肯上膘。

白露，此时大部分牧草开始枯老，但有些牧草还在生长，开始抢倒青，抢好倒青奶胖羔，对促进胎儿发育，母羊泌乳都有很大好处。

立冬——立春，主要吃各种蒿属。

从以上可以看出，滩羊所采食的牧草。春季，以禾本科植物牧草为主，多是嫩草。夏季以豆科植物——枝儿条为主。秋季主要采食草籽，冬季以蒿属为主。牧工们掌握这一规律，选择草场，使羊群一年四季都吃到营养丰富的牧草，促进抓膘和保膘。但值得注意的是，滩羊在放牧条件下，滩羊的营养供给上存在着不平衡，主要表现为能量、钙和磷不足，蛋白质过量。因此，放牧的滩羊应考虑给予适当补饲。

（三）草场的放牧利用方式

放牧方式是指对放牧场地的利用方式。放牧技术则是放好羊和合理利用草原的重要环节。目前，我国的放牧方式可分为固定放牧、围栏放牧、季节放牧和小区轮牧。固定放牧是指将羊群常年在一个特定区域内自由放牧采食。这种放牧方式对草场的合理利用与保护不利，且载畜量低，单位草场面积提供的产品数量少，草畜难保持平衡，容易出现过牧现象。是现代养羊业应摒弃的一种放牧方式。围栏放牧是在一个围栏内，根据牧草生长情况安排一定数量的羊只放牧,以草定畜,这种放牧方式可合理利用和保护草场。季节轮牧是根据四季特点划分四季牧场按季节轮流放牧。这是我国牧区多采用的原始放牧方式。这种方式能比较合理地利用草地,提高草地生产水平。小区轮牧是在划定季节牧场的基础上,依据牧草的生长、草地生产力、羊群采食量和寄生虫的侵袭动态等,将草地划分为若干个小区,让羊群按指定的顺序在小区内进行轮回放牧。这是一种先进的放牧方式,可合理利用和保护草场,提高草场载畜量。羊在小区内能减少游走所消耗的体力,增重快,且能控制体内寄生虫感染。

(四)四季放牧技术要点

1. 冬季放牧要点　冬季天气寒冷,牧草枯萎,早晨有霜雪,树叶凋落,牧草营养价值降低。因此,冬季放羊的主要任务是:防寒、保暖、保膘、保胎,并注意补喂饲草饲料。对冬季草场利用的原则是:先放远坡,后放近坡,先放高处,后放低处,先阴坡后阳坡,先放差草地后放好草地。冬季要晚出牧,早归牧。顶风出牧,顺风归牧。出入羊圈时不要拥挤,放牧要稳,不走陡坡不跳沟,不吃霜草或冰冻草,不喂发霉草料,防止流产。晚上归牧后适当补喂饲草饲料。

2. 春季放牧要点　春季气候变化多端,冷热变化难掌握,早春牧草枯萎,营养价值低,牧草青黄不接,晚春百草返青。因此,春季的羊最难放,加之春季的羊由于经过几个月的冬季,尤其在补饲条件不足的情况下,羊的体质很瘦弱,有的母羊正处在妊娠后期,有的母羊正在哺乳,迫切需要较好的营养。这时如果不注意加强补饲,往往会出现"春乏"现象,严重者会出现死亡。所以,对放牧的羊只,每年入冬前,一定要贮备足够的饲草饲料。

春季是牧草返青季节,离冬圈较近的平川、盆地或丘陵草场,牧草最先萌发,但薄而稀,远看一片青,近看一场空,羊看到一片青,却难以采食到青草,会出现"跑青"现象,增加羊只体力消耗,导致瘦弱羊只死亡。因此,春季放牧一定要注意羊只"跑青",初春放牧时要控制好羊群,挡住强羊,看好弱羊,防止"跑青"。每天出牧后先放黄草后放青草,即先放阴坡或枯草高的牧地,使羊看不到青草,归牧前再到阳坡或有青草的牧地放牧。到晚春,当青草长到10~15厘米高时,可转入抢青,但要注意勤换牧地,两三天换一次,以促进羊体复壮。对瘦弱的乏羊,要单独组群,给予特殊照顾,对带羔母羊及待产母羊,留在羊圈附近较好的草场放牧,以便天气变化时能很快回圈。春季气温回暖,各种病菌和寄生虫复活,因此,春季要进行圈舍的清扫和消毒,保持羊圈清洁卫生,同时,要进行羊只的各种传染病疫苗的注射防疫工作。

3. 夏季放牧要点 夏季气候特点是降雨量增多,气温升高,湿热蚊蝇多的环境条件对羊不利。因此,夏季牧场应选择在气候凉爽、蚊蝇少、牧草繁茂、有利于羊只抓膘的高山丘陵草场放牧。夏季放牧的主要任务是尽快恢复羊的体力,抓好夏膘。夏季要早出牧、晚归牧,尽量延长放牧时间,使羊一日吃三饱。放牧时,可上午放阳坡,下午放阴坡,上午顺风出牧,顶风归牧;下午顶风出牧,顺风归牧。中午天热时,羊若有"扎窝子"现象,要把羊赶到树荫下歇凉休息。下午天凉时再放牧。夏季天气炎热,要注意羊只的饮水。

4. 秋季放牧的要点 秋季秋高气爽,气候适宜,牧草开花结籽,营养价值高,是抓膘的最佳时期。要在抓好夏膘(肉膘)的基础上抓好秋膘(油膘),使羊只储积体脂过冬。秋季草场的选择和利用,可先由山冈到山腰,再到山脚,最后到平滩地放牧。哪里草好到哪放,尤其要充分利用刈割草场和农作物收获后的茬地放牧抓膘,这些地方牧草丰盛,留有作物子实,营养价值丰富,羊吃了容易上膘。另外,秋季是羊的配种季节,母羊膘情的好坏,对繁殖率的影响很大,因此更要做到满膘配种。为了抓好油膘,早秋要延长放牧时间,做到早出牧、晚归牧,中午不休息,让羊一日吃三饱。到了晚秋,在霜冻天气来临时,则不宜早出牧,以防妊娠母羊采食了霜冻草而引起流产。同时,在秋季要为羊只过冬留够过冬的草场。

五、滩羊的舍饲

舍饲养羊是近些年来国家在北方或西部地区实施封山禁牧，全面恢复草原生态后推广和应用的一种新的饲养方式。这种饲养方式既不同于放牧饲养，又与羊只的肥育或"栈羊"有别。舍饲圈养要考虑圈舍及配套设施的修建，羊的品种选择，饲料的来源、加工、贮藏，饲养管理技术，繁育技术，羊的肥育技术，疾病防治技术和产品销售等方面的因素和投入，与放牧饲养相比，对养羊者来讲将意味着饲养成本加大。

滩羊舍饲是自 2003 年 5 月 1 日宁夏在全区实施封山禁牧后开始的。

羊舍饲圈养是解决天然草场退化、沙化和日益突出的农林牧矛盾的有效措施，舍饲可利用农作物秸秆，过腹还田，为农业提供优质的有机肥，增产增值，减少对自然生态资源的过度利用，同时也减少因焚烧秸秆造成的环境污染，有利于生态环境的改善。羊只舍饲饲养与放牧饲养方式相比，虽然生产成本有所提高，但羊只生长快、出栏早、产肉率高、周期短，羊群的繁殖率以及商品出栏率都大大提高。因此，舍饲养羊已成为我国农区、半农半牧区以及"退耕还林，封山禁牧"工程实施地区养羊必经之路。根据近 10 年来各地舍饲养羊场、专业户和个体养羊户的实践，要搞好舍饲养羊必须具备以下基本条件和解决以下问题。

(一)舍饲羊的圈舍及配套设施建设

1. 基本要求　舍饲羊圈舍的设计和建筑既不同于放牧饲养圈舍建筑，又不同于肥育或"栈羊"圈舍建筑。放牧羊舍只是提供羊只休息和睡眠，没有运动场和固定的补饲补料槽。圈养羊舍要求有一定面积的运动场和补饲补料槽。否则，由于羊只的活动空间小，羊只运动不足，不仅影响羊的生长和繁殖性能，而且还会给羊只带来一系列疾病。因此，在建筑舍饲羊舍时，各地应根据当地

的自然条件、经济条件和建筑材料,因地制宜选择建造适宜生产的
羊舍。建圈养羊舍不仅要具备通风良好、冬暖夏凉、干燥卫生的休
息睡眠场所,还要在羊舍外修建面积大于羊舍面积 2~4 倍的运动
场,以利于羊只活动和日光浴,保证羊只的健康和生长需要,而且
有利于圈养羊规模养殖,集约化管理。

2. 羊舍类型及建筑标准 羊舍建筑按屋顶形式可分单坡式、
双坡式及拱形等。通常单坡密闭式适合北方较寒冷地区,前高
2.5 米,后高 2.0 米,进深 6~7 米,长度可根据所容纳羊数确定;
半敞棚式适合北方较温暖地区,羊舍建筑仿照单坡式,不同之处是
后斜坡面为永久性棚舍,前半顶为拱形塑料薄膜顶,拱的材料多为
钢筋或钢管,也可用竹竿,夏季去掉薄膜成为敞棚式羊舍。一般为
中梁高 2.5 米,后墙高 2.0 米,前墙高 1.2 米,山墙上部砌成斜坡。
据测定,这种棚舍内比舍外温度高 $4.6℃$~$5.9℃$。

3. 建筑面积 羊舍面积应根据饲养规模设计,面积过大造成
浪费,过小不利于羊只活动而影响生长和健康。羊舍面积应按照
羊只生产方向、品种、性别、年龄、生理状况和当地气候等不同,要
求亦不一样。在建筑时可参考以下标准:种公羊和种母羊 1.5~
2.0 米^2/只,后备种母羊 0.8~1.0 米^2/只,妊娠或哺乳母羊:冬季
产羔 2.0~2.5 米^2/只,春季产羔 1.0~1.2 米^2/只,幼龄公、母羊
0.5~0.6 米^2/只。

4. 饲槽和饮水槽 饲槽是供羊只补饲之用,可分为移动式和
固定式两种。规模大的羊场或专业户应建固定式饲槽,槽底宽 20
厘米,上口宽 30 厘米,高 20 厘米,呈“U”形,长度根据饲养数量设
计。个体户或饲养数量少的可以采用移动式。饮水槽可用砖、水
泥结构,或用钢板焊成铁槽都可以。

5. 运动场及围栏 运动场是供羊只活动的场所,围栏是防止
羊只乱串的隔栏。运动场面积一般为羊舍面积的 2~4 倍。成年
羊运动场面积可按 4 米^2/只修建,场地应有一定坡度,有利于排

水,保持场地干燥。围墙可用砖砌成 24 厘米宽,1.2 米高的砖墙,隔墙可用钢筋或钢管焊,也可用木棒留 8～12 厘米间隙做成栅栏,原则是不让羊只钻出。

(二)选择优良种群

发展舍饲养羊,选择优良种群和采用最佳经济杂交组合是提高舍饲养羊经济效益的一项非常有效的措施。各地应根据当地的地域特点、社会经济条件、自然条件和饲料条件等选择饲养的品种。在环境条件差、社会经济条件落后、生态条件严酷、饲草饲料资源缺乏的地区,选择适应性强、耐粗饲、抗病力强的繁殖羊;在环境条件好、社会经济条件和生态条件好、饲草饲料资源丰富的地区,应建立种羊场和饲养核心群羊只。

(三)饲草饲料条件

饲草饲料是舍饲养羊最重要的条件之一。舍饲羊只全年所需的饲料全部来自人工制备、供给,饲草饲料贮备既是舍饲养羊配套技术的重要环节,同时又是舍饲经营方式条件下饲养经营成本的最主要组成部分。

1. 饲草饲料的种类及贮备 饲料贮备因饲养羊群的品种不同贮备量有所差异,对滩羊而言,每年每只羊需贮备秸秆或干草 300～400 千克;多汁饲料 60～100 千克;精饲料 60～100 千克;青草按 3.4～4.2 千克/只·日计算,通常在贮备饲料时,要比需要量高出 10%。

2. 饲草饲料的加工、调制 舍饲羊的饲料来源包括各种农作物的秸秆,如玉米秸秆、稻草、小麦秸、豆秸、燕麦草、花生秧、菜叶、树叶等。玉米秸等秸秆切短后经青贮、氨化、微贮等处理后可提高羊只的适口性和营养价值以及消化率,是舍饲羊的基础饲料。调制禾本科干草,应在抽穗期收割;豆科或其他干草应在开花期收割。青干草的含水量应在 15% 以下,绿色、芳香、茎枝柔软、叶片多、杂质少是制作青干草的要求,而且应打捆和设棚贮藏,防止营养损失。干草在饲喂时要切碎,切锄长度3厘米以上,防止浪费。精饲料包括玉米、大麦、麦麸、米糠、油饼、糟粕、糟渣等。库存精饲料的含水量不得超过14%,谷实类饲料喂前应粉碎成1～2毫米的小颗粒。一次加工以10天内喂完为宜,大型羊场最好每天现喂现加工。目前,多数农村舍饲羊常见的问题有饲料种类单一、饲草品质差、日粮配合不科学等,直接影响养殖效益。因此,有条件的地方应种植一定面积的苜蓿草、苏丹草等优良牧草,采取青、干饲料多元搭配的方法,降低饲养成本,提高经济效益。

(四)饲养管理技术

科学饲养舍饲羊应坚持以饲喂粗饲料为主,补饲精料为辅的饲养原则。在舍饲羊的饲养管理中,要按羊的品种、性别、年龄、体格大小、体质强弱等不同分群饲养。以各种农作物的秸秆、干草、青贮、氨化饲料为基础饲料,适当补饲玉米、大麦、饼类、糠麸、糟粕、糟渣等精饲料。采取先粗后精的饲养方法,先喂秸秆或干草,再喂青草或青贮,最后再喂精料。饲喂要定时定量,每天饲喂2～3次,饮水1～2次。饲槽中最好供给矿物舔砖。饲喂时要保持饲料的种类和饲喂方法的相对稳定性,切忌突然变换饲料品种和饲喂方法,严禁饲喂霉烂变质饲料、冰冻饲料、农药残毒污染严重的饲料、被病菌或黄曲霉菌污染的饲料和未经处理的发芽马铃薯等有毒饲料。严密清除饲料中的金属异物。种公羊在非配种期每天每只喂给混合精料0.3～0.4千克,早晚按4:6的比例分2次饲喂,饮水2次。粗饲料每天每只喂量1.2～1.4千克。冬、春季节每天运动不少于6小时,夏、秋季节要在8小时以上。配种期,在配种前1个月的准备配种期应逐渐增加精料量,按配种期喂量的60%～70%喂给,逐增到配种期的标准。混合精料每天喂量0.5～0.6千克,粗饲料1.5～1.6千克,每天运动量必须保证6小时。母羊在舍饲条件下,日喂精料0.2～0.3千克,粗饲料日喂量1.2～1.4千克。母羊按其繁殖生理变化可分空怀期、妊娠期(5个月)和哺乳期(3～4个月)3个阶段。

1. 空怀期(恢复期)　冬季1～2月份产羔(经120天哺乳)则5～7月份为恢复期,春季4～5月份产羔,8～9月份为恢复期,这个时期,羔羊已断奶,母羊停止泌乳,饲养管理的重点是增加营养和恢复体力,力争使母羊满膘配种。

2. 妊娠期(5个月)　前3个月为妊娠前期,此期胚胎发育较慢,补充营养不要过多,母羊妊娠的后2个月为妊娠后期,此期胚胎迅速增大,对营养物质的需要明显增大,要加强补饲,满足胚胎的生长发育。妊娠后期的母羊也要注意每天运动6小时以上(游走里程不少于8千米)运动时不要驱赶过急,慢走、不追、不打、不惊吓,不饮冰碴水,禁忌喂给发霉变质和冰冻的饲料,以防流产。

3. 哺乳期　羔羊的哺乳期一般为90～120天,产后2个月的泌乳期,是饲养哺乳母羊的关键阶段。此时羔羊的生长发育主要靠母乳,因此对母羊饲养标准要高一点。另外,对哺乳母羊要经常检查乳房情况,如有乳汁过剩,可适当减少精料和多汁饲料,以防乳房炎。

(五)繁殖技术

一般来讲,大多数品种的羊是单胎动物,滩羊在放牧条件下,大多数产单羔,只有个别产双羔。长期以来,人们为了提高羊只的繁殖率,经过长期选择,培育了一些多胎羊品种,如国内的小尾寒羊和湖羊,国外的兰德瑞斯羊、罗曼诺夫羊等。在舍饲养羊生产中应选择多胎性羊品种与当地羊进行杂交,提高繁殖率。同时还要注意优化羊群结构,使青年羊(半岁～1岁半)的比例保持在15%～20%,壮年羊(1.5～4岁)占65%～75%,5岁以上的羊占10%～20%的比例。母羊比例达到65%～70%,其中繁殖母羊占45%～50%,按这种比例饲养,经济效益较好。另外,公、母羊比例对提高繁殖率和经济效益也有影响,据中国养殖网(2005)统计,理想的羊群公、母比例是1：36,繁殖母羊、育成羊、羔羊比例应为

5：3：2，可保持高的生产效率、繁殖率和可持续发展后劲。各地应根据当地饲养品种不同而对羊群结构进行调整。建议小规模养羊户最好不要饲养种公羊，因为良种羊价格高，饲养成本和风险大，从经济角度来讲不划算，最经济的方式是应用人工授精技术，这样可大量节约饲养费用和购买公羊的费用。饲养规模大的羊场，必须配备种公羊，应积极推广人工授精技术，尽量提高种公羊的利用率，减少种公羊的饲养数量，降低饲养成本和购买公羊费用，提高养殖经济效益。

(六)疾病防治技术

舍饲养羊应以保健预防为主，有病早治，防重于治为原则。把科学饲养管理与防病治病结合起来。

1. 舍饲羊的保健　舍饲羊的保健主要包括加强饲养管理、搞好圈舍环境卫生、圈舍的清扫和消毒、羊只的驱虫和药浴等工作。科学饲养可使羊体质健壮，抗病力增强，减少羊只发病率。舍饲羊的圈舍、运动场、用具等应坚持定期消毒。消毒时应交叉使用两种或两种以上的消毒药(如10%百毒杀溶液、4%氢氧化钠溶液、1.2%的甲醛溶液等)。每年春、秋两季进行2次大型消毒。场门、场区出入口消毒池的药液要经常更换。每年春、秋两季进行2次全群驱虫，驱虫药有阿维菌素按35千克体重用药1袋(5克)混拌于饲料中饲喂，阿维菌素制剂、丙硫苯咪唑等。体内寄生虫可使用丙硫苯咪唑(口服剂量为15～20毫克/千克)，体外寄生虫可使用伊维菌素注射液(0.2毫克/千克，皮下注射)。病死羊的尸体要无害化处理(深埋或焚烧)，严防传染。在日常管理中，也要防止通过饲养人员、其他动物和用具传染疾病。因此，患有结核病的人不允许做饲养员。另外，每年春、秋两季剪毛后要进行2次药浴。

2. 舍饲羊的疫病预防

(1)疫病的免疫预防

①药物免疫预防　应定期在羊饲料或饮水中加入抗生素(或

保健添加剂)进行药物预防。一般常用磺胺类(0.1%~0.2%)、四环素族抗生素(0.01%~0.03%)药物,连用5~7天,但要注意不能长期使用,以免引起中毒反应或羊体产生抗药性。同时,长期使用抗生素会造成羊瘤胃生理紊乱。

②疫苗免疫预防 各地要根据当地羊发病情况,合理安排免疫接种的次数,制定出适合本地区的免疫程序。每年要坚持按免疫程序定期进行预防接种注射,防止传染病的发生。羔羊生后10小时注射破伤风抗毒素1 500~3 000单位,生后7~10日龄注射羊痘鸡胚化弱毒苗。

羊四联疫苗(快疫、猝疽、羔羊痢疾、肠毒血症):羔羊生后20~30天和7月龄各注射1次。其他羊每年春、秋两季不论羊只大小一律肌内或皮下注射5毫升的四联苗。

羊大肠杆菌疫苗:3月龄以下的羔羊皮下注射0.5~1.0毫升,3~12月龄的羊皮下注射3毫升,注射后14天产生免疫力,免疫期半年。

羊链球菌氢氧化铝苗:不管羊品种、体格大小一律皮下注射3毫升,3月龄以下羔羊第一次注射后14~21天再重复同剂量注射1次,免疫期为半年。

羊肺炎支原体氢氧化铝灭活苗:由肺炎支原体引起的传染性胸膜肺炎,颈部皮下注射,成年羊3毫升,半岁以下幼年羊2毫升,免疫期1年以上,各种羊均可免疫。

(2)严格执行检疫制度 舍饲羊从饲养到销售,要经过出入场检疫、收购检疫、运输检疫和屠宰检疫等。只有经过检疫而未发现疫病时,方可让羊及其产品进场、出场、运输和屠宰等。其中,出、入场检疫是最基础的重要检疫。为了避免疫病发生,要做到不从疫区购买羊只、饲料和用具等。同时,新购入羊只必须经隔离观察1~2个月,确认健康者方可进场,且进场前要经驱虫、消毒或补注疫苗。羊场的日常管理中,严防闲杂人员出、入羊场,坚持入场人员消毒制度。

六、滩羊的肥育

(一)滩羊羔羊肥育

滩羊的羔羊肥育与其他品种羊不同,滩羊是以生产裘皮为主要产品。一般将不作种用的淘汰公羔在生后 30 天左右,毛股长达 8 厘米时宰杀剥去二毛裘皮。因此,滩羊羔羊的肥育主要在哺乳期进行。大多数羔羊肥育采用"一羔多母"哺乳法或给母羊补喂混合精料促使母羊多产奶来肥育,即一只羔羊用 2~3 只母羊哺乳(或叫贴奶)以促进羔羊快速生长,增加体重和皮张面积。"一羔多母"哺乳法只能用于少数羔羊的肥育,大多数羔羊肥育是在羔羊能采食饲草饲料后,补喂优质饲草和饲料进行短期肥育,在生产实践中也可取得较好的效果。经过肥育的羔羊体格大,屠宰率高,净肉率高,肉质鲜嫩、味美,剥取的二毛皮的皮张也大,可明显增加收入。羔羊肥育屠宰后,还可改变畜群结构,尤其是提高母羊在畜群中的比例,达到繁殖快,总增高。同时,可以节省草场,节约的草场可供其他羊利用。

通过对滩羊羔羊进行肥育试验证明,经肥育的羔羊平均胴体重比不肥育的羔羊的胴体平均重高。日增重高出 140%,屠宰率高出 2.7%。经济效益比较明显,而且胴体质量也好,肉的味道佳美。

(二)滩羊老母羊的肥育

对年龄过大或失去繁殖能力的滩羊老母羊进行补饲肥育,其目的是增加体重和产肉量,提高羊肉品质,降低成本,提高经济效益。

通过对老母羊进行放牧加补饲肥育结果看,经肥育的老母羊平均每只活重可达到 34.63~37.58 千克,比肥育前增重 0.47~3.80 千克,肥育能增加体脂沉积,改善肉质,提高屠宰率;而仅作放牧不加补饲的母羊活重只能达到 32.95 千克,比肥育前反而掉膘 0.87 千克;经肥育后的母羊皮板面积也有所增大,毛长增长,经济效益增加。同时,可以节省草场,节约的草场可供其他羊利用。滩羊老母羊的肥育期在 60～90 天,超过 90 天后饲养成本加大,经济效益降低。

近些年来,宁夏一些地方养羊户对老龄淘汰母羊进行肥育,每年晚秋在羊配种结束后,到妊娠后期对妊娠母羊进行肥育,经过肥育的母羊所产的羔羊体格大,母羊奶水足,羔羊生长发育快,够毛日龄早,体重大,宰后羔羊胴体重、皮张大,肉和皮的售价高。羔羊屠宰后母羊再继续肥育 30～60 天,然后屠宰。这样可大大增加养羊的经济效益。

滩羊老母羊肥育精料参考配方:玉米 50%,料饼 20%,黑面 10%,麸皮 5%,料精 4%,食盐 1%。饲喂量:果渣 1.0 千克/只·天,青贮饲料 0.5 千克/只·天,草粉 0.5 千克/只·天,精料 1.0 千克/只·天。

七、滩羊的日常管理技术

(一)羊群的组成和周转

羊群的组成和周转是关系到养殖者经济收益的一个重要问题。合理的组群和周转可以缓和草、畜矛盾,提高经济效益。目前,我国养羊的羊场、企业和农户按其产品可分为种羊场和经济羊场。种羊场以生产优良的种羊为目的。经济羊场以生产肉、毛、皮为主要目的。放牧饲养的滩羊,最好以 200～300 只一群为宜。舍饲羊根据羊圈舍大小进行饲养。种羊场要有合理的畜群结构,包含繁殖母羊群,育成母羊群,育成公羊群,育成公羊群以及配种用的成年公羊群。种羊场不以生产肉、毛、皮为目的,因此一般不留羯羊群。而经济羊场就要保留一定数量的羯羊,因为用羯羊来生产肉、毛、皮还是经济的。经济羊场也有繁殖母羊群,育成母羊群,公羊群和配种用的公羊群。为了增加养殖场、企业、农户的收入,加速羊群的周转,应提高羊群中繁殖母羊的比例,种羊场的繁殖母羊一定要在 60％以上,经济羊场的繁殖母羊占 35％以上。生产实践证明:繁殖母羊、育成羊、羔羊比例应为 5：3：2,可保持高的生产效率、繁殖率和可持续发展后劲。

(二)羊的编号

羊的编号是育种工作中一项重要的工作之一。也是羊只管理工作中必须进行的工作。编号的方法有插耳标法、剪耳法、刺墨法和烙角法。

1. 插耳法 用铝或塑料制成圆形或长方形的耳标,再用特制的钢字钉把所需要的号码打或烙在耳标上,或者用记号笔写在耳标上。耳标上第一个数为羊的出生年份其次才是羊的个体号数。如 102 即指 2010 年生,2 号羊。在编号时一般公羊用单(奇)数,母羊用双(偶)数,每年由 1 或 2 号开始,不要逐年累计。耳号安置前先用特制的打耳钳在羊耳朵上打一圆孔,再将耳标扣上。目前所用的耳号钳一次性将耳标带上,打孔时要避开血管,并在打孔的地方用碘酊消毒,以防感染。

2. 剪耳法 是过去没有耳标时或农户为了省钱而采用的一种方法。即在羊的两耳上剪缺刻,作为羊的个体号或识别羊只。其规定是:左耳作个位数,右耳作十位数,耳的上缘剪一缺口代表 3,下缘代表 1。这种方法只能小群体用。羊数超过千只以上无法用。

3. 刺墨法 是用特制刺墨钳(上边有针制的字钉,可随意置换)蘸墨汁把号打在羊耳朵的皮肤上。这种方法经济简便,不掉号,但时间长了,字迹易模糊,不好辨认,只做辅助编号。

4. 烙角法 仅限于有角羊。即用烧红的钢字,把号码烙在角上。该法也作为公羊辅助编号。

(三)羔羊去势

去势又称为阉割。去势后的羊称为羯羊。

1. 去势的目的 凡不作种用的公羔或公羊都应去势。去势后的公羔或公羊,性情温驯,好管理,节省饲料,生长速度快,产肉、产毛多,皮张大致密,肉膻味小,且较细嫩。

2. 去势的时间　以公羔生后 2～3 周为宜,如遇天冷或体弱羔羊,可适当推迟。过早、过晚都不好。去势最好选择晴天,在上午进行,以便有足够时间照顾去势的羔羊。

3. 去势的方法　羔羊的去势方法有 3 种:即去势钳法、刀切法和结扎法。

(1)去势钳法　用特制的去势钳,在阴囊上部用力将精索夹断。随后睾丸逐渐萎缩。此法因不切伤口,无失血,无感染的危险。但没经验者,不能夹断精索,达不到去势的目的,通常多不采用。

(2)刀切法　用手术刀切开阴囊,摘除睾丸。其方法是,一人保定羊,另一人用左手握住阴囊上部,使睾丸挤向阴囊底部,用右手剪去阴囊底部及其周围的毛,然后用碘酊和酒精进行局部消毒,再用消毒过的手术刀在阴囊底部切开小口,切口大小以能挤出睾丸为度。挤出一侧睾丸,将睾丸连同精索拉出撕断,再用同样方法取出另一侧睾丸。而后在阴囊切口处再用碘酊消毒,撒上消炎粉。过 1～2 天再检查 1 次,如发现阴囊肿胀,要挤出其中的血水,再涂抹碘酊和消炎粉。去势后的羔羊,要放在环境清洁干燥的地方,以防感染。

(3)结扎法　当羔羊到 7～10 天时,将两侧睾丸挤到阴囊里,用橡皮筋或橡皮圈紧紧地结扎在阴囊上部,阻断阴囊血液流通,经过 10～15 天,阴囊及睾丸萎缩自然脱落。此法简便易行,多数羊场均采用。

(四)剪　毛

剪毛是养羊业生产的主要收获工作之一,因此,必须组织和安排好。

1. 剪毛的时间、次数和场所　滩羊 1 年剪毛 2 次。剪毛时间主要取决于当地的气候条件和羊的体况。一般滩羊在 5～6 月份剪春毛,对放牧的滩羊,如果青草返青早,雨水多,牧草长势好,羊只体况好,剪毛早些;如果青草返青晚,雨水少,草场牧草差,羊只体况瘦弱,剪毛将会推迟。春季剪毛以气候趋于稳定时比较适宜。剪春毛时毛茬留高些比较好,尤其羔羊要在背部留些羊毛,以便天冷和下雨时防寒、防冻。秋季在8~9月份再剪1次秋毛,剪秋毛时,毛茬留矮些对羊只抓膘有利。

剪毛的场所,则视饲养羊数多少而定。羊数少的一般露天剪。但场地要打扫干净,以防草秸及杂物混进羊毛中。而大型羊场,羊的数量在几千只以上,要设专门的剪毛棚或剪毛室,棚室内光线要好,宽敞,通风好,干燥。

2. 剪毛的方法 剪毛的方法有手工剪毛和机械剪毛两种。小羊场和农户一般多采用手工剪毛,手工剪毛每人每天可剪20~30只。而大型羊场则采用机械剪毛,机械剪毛可分蹲剪和卧剪两种。蹲剪不用剪毛台,速度较快,但比较费力。卧剪有特制的剪毛台,使羊侧卧在剪毛台上,操作速度慢些,但剪毛人不感困乏。我国多采用此法。机械剪毛快,每人每天可剪40~50只,熟练剪毛工每天可剪80~100只。羊在剪毛前12~24小时内,不应饮水、放牧和补饲,以免在翻羊时造成肠扭转。被雨淋过的羊群,应待羊毛晾干后再剪,湿毛不好保存。在生产中,一般按羯羊、幼龄羊、公羊、育成羊、母羊的顺序来安排剪毛。患有疥癣、痘疹的羊,留在最后剪,以免感染其他健康羊只。手工剪毛时,先将羊腹部的羊毛剪掉,然后用绳子把羊的四肢捆住,使羊侧卧,剪毛人员蹲在羊脊背后从体侧剪开一条缝隙,顺此向背部逐渐推进(从后向前剪),一侧剪完后将羊体翻到另一侧,用同样的方法剪去剩余一侧的羊毛。剪毛时,剪刀要放平紧贴皮肤剪,使毛茬留得短而平齐(留茬高度0.5厘米左右),当因技术不熟练而留茬过长时切不要补剪,因为补剪下来的二刀毛极短,无纺织价值,混入羊毛中还会影响织品质量。剪乳房、阴囊和脸颊部的毛时要小心慢剪。如不慎将皮肤剪破时,要在破伤处涂上碘酊或紫药水,以防感染。剪下的毛最好将边肷毛与体躯毛(套毛)分开包装,尽快出售。剪毛后1周内尽可能在离羊圈较近的草场放牧,以免突然降温和降雨天气羊只感冒或得病而造成损失。

(五)药 浴

药浴是滩羊饲养管理中非常重要的工作,药浴的目的是防治羊疥癣、羊虱等体外寄生虫病的重要措施。羊只一旦发生疥癣等体外寄生虫病,轻者对羊毛产量和羊毛品质有不良影响,重则在羊群中蔓延,造成巨大的经济损失。如果在羊群中发现疥癣病羊时,要立即隔离并严格进行圈舍消毒、灭虫,对病羊进行治疗。为了避免羊群发生疥癣等体外寄生虫病的发生,每年要定期对羊群进行1～2次药浴。通常药浴一般在剪毛后7～10天进行,这时羊皮肤上的伤口已愈合,毛茬较短,药液容易浸透到皮肤上,防治效果最好。药浴使用的药品有杀虫脒(0.1%～0.2%的水溶液)、螨净、双甲脒、蝇毒灵等。目前,我国大部分地区的羊场、养殖企业和农户多采用在专门的药浴池中进行药浴。有些地方采用喷雾法药浴,但设备投资高,成本大。为了保证药浴安全,在大批羊只药浴前,先用少量羊只进行试浴,确定不会引起中毒时再进行大批羊只药浴。药浴应选择晴朗、暖和、无风天气,并在中午进行,以便药浴后羊毛能晒干。药浴前羊只停止放牧和饲喂,浴前2小时给羊饮足水。以防其口渴误饮药液。药浴时,先浴健康羊,后浴有疥癣的羊。羊只药浴时,要让羊体各部位洗到,药液浸透被毛,要适当控制羊只通过药浴池的速度,药浴持续时间,治疗为2～3分钟,预防1分钟。工作人员手持带钩的木棍将羊的头部不时浸入液内1～2次,以防头部发生疥癣。羊只出药浴池后,让羊在滴流台上停留20分钟,使羊体上的药液滴下流回药浴池,一方面节省药液,另一方面避免药液带出来滴在牧草上,以防牲畜误食中毒。药浴后让羊只在阴凉处休息1～2小时,即可放牧。药浴期间,工作人员应佩戴口罩和橡皮手套,以防中毒。

妊娠2个月以上的母羊,不进行药浴。

(六)驱　虫

羊的寄生虫病是制约养羊业发展的主要因素之一。患寄生虫病的羊只,轻者因羊体营养被消耗呈现消瘦,幼龄羊生长发育受阻,成年羊生产性能下降。重者日趋消瘦,甚至造成死亡。

危害羊群最严重的内寄生虫有肝片吸虫、羊血矛线虫、前后盘吸虫、羊肺丝虫等。在低洼潮湿草地放牧易感染各种内寄生虫,一旦感染后,羊体消瘦,甚至造成大批死亡。如发现有肝片吸虫的草场,可采取排水、填沼泽或用生物、化学方法消灭中间宿主锥实螺,以切断其生活史。可用高效安全的药物硫双二氯酚(别丁)35~75毫克/千克体重,配成悬浮液口服。也可实行分区轮牧,使其虫卵或幼虫,在放牧休闲区内死亡。多数寄生虫的卵是随粪便排出体外,因此,对羊粪便应做发酵处理,以杀死寄生虫卵。为了防止羊的寄生虫病发生,每年在春、秋季节进行预防性驱虫2次。羔羊也应驱虫。驱体内寄生虫药物可选用丙硫苯咪唑,剂量为每千克体重10~15毫克。投药方法有:一是拌在饲料中单个羊自食;二是3%丙硫苯咪唑悬浮剂口服,即用3%的肥儿粉加热水煎熬至浓稠做成悬浮基质,再均匀拌3%的丙硫苯咪唑纯药做成悬浮剂,使每毫升含药量30毫克,用20~40毫升金属注射器拔去针头,缓缓注灌入口。三是也可将药片放入啤酒瓶中,加一定量水灌服。药物治疗羊体内寄生虫时,选用药物要准确,用药量要精确。用前先做驱虫试验,在确定药物安全可靠和驱虫效果后,再进行大群驱虫。

第八章　滩羊常见病的防治

在滩羊养殖中,如果饲养管理不善,疾病防治疏漏,就易发生各种疾病。危害滩羊生产最严重的是传染病,其次是寄生虫病、营养代谢病和中毒性疾病。这些病一旦出现,羊只将会大批死亡,甚至全群灭亡。因此,在生产中,采取科学的饲养管理方法,必须坚持"预防为主,防重于治"的方针或防治结合的有效措施。常年搞好环境卫生和定期消毒工作,在引种和出售羊只时要进行严格的检疫,每年春、秋季节进行预防接种注射和驱虫工作。做到饲养管理科学化,环境清洁卫生经常化,消毒、防疫、驱虫、检疫规范化。

一、常见传染病

(一)羊 炭 疽

炭疽是由炭疽杆菌引起的人兽共患的急性、热性、败血性传染病。绵羊、山羊、牛、骆驼、鹿等均易感染。人也能感染,并有死亡。主要经消化道感染。潜伏期一般为 1～5 天,有的长达 14 天。

1. 流行特点　在发生炭疽的地区,炭疽杆菌在有充分游离氧和适温条件下可形成具有强大抵抗力的芽孢,芽孢在土壤中可生存 20～30 年,有可能年年发病。多为散发,常在夏季雨后发生。病羊的分泌物、排泄物和天然孔流出的血液中含有大量的病菌,是危险的传染来源。

2. 临床症状

(1)最急性　病势凶猛,突然发病倒地,呼吸困难,黏膜呈紫色,肌肉震颤,全身痉挛,口鼻流出混有血的泡沫,肛门和阴门流出不凝固的黑红色血液,1 小时内死亡。

(2)急性　体温 39℃～42℃,呼吸困难,脉搏弱而快,黏膜上可见出血点,粪尿带血,部分病羊体表发生水肿。大多数于发病2~5天内死亡。

3. 剖检病变 一般严禁剖检。在特殊情况下需要剖检时,应在严密控制下精心进行。主要病变是尸僵不全,很快腐败膨胀,皮下充积带血的浆液呈黏胶样,脾脏肿大2~5倍,全身多处出血,淋巴结肿大。

4. 细菌检查 采取临死前或死后的末梢血管(耳、肢)中的血液涂片,进行荚膜染色,镜检,可见带有荚膜、两端如竹节状的粗大杆菌,单个或呈短链。革兰氏染色为阳性。

5. 防制措施 在发生过炭疽地区的羊群每年必须皮下注射1次炭疽芽孢苗,每只0.5毫升;Ⅱ号炭疽芽孢苗每只皮下注射1毫升,免疫期为1年。确诊为炭疽后,应立即报告,宣布该地区为疫区并进行封锁,隔离治疗病羊。死羊的肉、皮、毛、骨均有大量炭疽杆菌能感染人、畜,不能利用,须全部烧毁,无条件烧毁时深坑掩埋。污染的羊舍、场地、用具,用10%氢氧化钠热水溶液或20%漂白粉或0.2%升汞消毒。羊舍以1小时间隔消毒3次,铲除表土,换铺新土后才能再用。

(二)布鲁氏菌病

布鲁氏菌病是由布氏杆菌引起的以流产为特征的人兽共患的慢性传染病。

1. 流行特点 其流行特点是病畜为主要传染来源,多经流产时的排出物以及乳汁或交配而传播。多呈地方性流行。

2. 临床症状 本病的潜伏期为2~4周,多数感染羊不表现临床症状。主要特征为病羊的生殖器官和黏膜发炎,导致母羊流产、不孕,母羊多在妊娠的第四个月左右发生流产,流产后胎衣不下、子宫炎、流产胎儿水肿、淋巴结肿大。有时发生关节炎和乳房炎。公羊睾丸发炎。

3. 防制措施 本病只能通过预防和加强检疫才能防止和减

少人、畜患病。引进羊只时必须检疫,引入后还须隔离观察,无病时方可与健康羊合群饲养。发现病羊立即隔离,污染的羊舍、用具等用2%～3%来苏儿、石炭酸、10%氢氧化钠热水溶液或20%漂白粉或0.2%升汞或10%石灰乳消毒。粪尿用生物热处理。流产胎儿、胎衣、羊水等要深坑掩埋。有病的羊群,每季度应用凝集反应检疫1次,及时隔离阳性病羊,直至全群连续2次的血检全为阴性时为止。对检出的阴性反应羊,用布氏杆菌羊型5号苗注射或进行气雾及饮水免疫。治疗可试用土霉素、链霉素、金霉素或合霉素,要早期治疗并较长期用药。

(三)羔羊痢疾

羔羊痢疾是初生羔羊以剧烈腹泻为特征的急性传染病。病原比较复杂,有些地方最常见的是产气荚膜杆菌(魏氏梭菌)B型和D型,有些地方大肠杆菌、肠球菌及沙门氏杆菌也可引起本病的发生。

1. 流行特点 主要发生于7日龄内的羔羊。潜伏期数小时至1～3天。在产羔初期零散发病,产羔盛期发病最多,引起大批死亡。呈地方性流行。

2. 临床症状 病初羔羊垂头拱背,不吃奶,随即腹泻,有的像粥状,有的如水样,颜色有绿、黄、黄绿、灰白等,有恶臭。病羔体温升高、心跳、呼吸无明显变化。后期肛门失禁,粪中带血,眼窝下陷,被毛粗乱,很快衰竭而死。也有些病例,病初呼吸促迫,可视黏膜发绀,口流泡沫样唾液,多数腹胀而不腹泻,少数排带血的稀便,最后昏迷而死。

3. 防制措施 加强妊娠母羊的营养,做好夏、秋抓膘和冬、春保膘,膘情好的母羊产出的羔羊健壮、抗病力强。在产羔期保温条件较差的地区,最好避开在最寒冷季节产羔。产羔前,注意产羔圈的消毒。做好接羔护羔。避免羔羊受寒受潮,天气突变寒冷时,注意保温。羔羊脐带用碘酊消毒。胎衣应随时清除,尽早让羔羊吃到初乳。产后几天,哺乳母羊留圈或在羊圈附近放牧,以便适时哺乳。常发羔羊痢疾地区,羔羊出生后 12 小时内,可口服土霉素预防,每天 1 次,每次 0.15～0.2 克,连服 3～5 天。或口服青霉素预防。在确诊为产气荚膜杆菌引起羔羊痢疾的地区,可对妊娠母羊注射羔羊痢疾菌苗,以防初生羔羊发病。发生羔羊痢疾后,应立即隔离病羔,粪便、垫草应焚烧,污染的环境、土壤、用具等用 3%～5%来苏儿喷雾消毒。药物治疗必须与护理相结合,加强对羔羊的饲养管理,尤其是保温和哺乳。病羔刚开始腹泻,粪便不很稀而很臭时,可先灌服 6%硫酸镁(内含 0.2%甲醛)20～30 毫升,经 6～8 小时后,再灌服 0.1%高锰酸钾溶液 20～30 毫升,未治愈时,第二日重复灌服高锰酸钾溶液。也可在灌服硫酸镁后,再灌服磺胺脒 1 克、鞣酸蛋白 0.3 克,以后每天 2 次,磺胺脒减半,直至痊愈。病羔排水样稀便时,用磺胺脒和鞣酸蛋白按上法治疗。也可试用土霉素或合霉素进行治疗。

(四)羊肠毒血症

羊肠毒血症是由 D 型魏氏梭菌引起的一种主要发生于绵羊的急性毒血症。本病发病突然死亡,剖检时可见肾脏松软呈软泥状,故又称"软肾病"。

1. 流行特点 绵羊、山羊均可发病,但绵羊更为敏感。膘情较好的幼龄羊发病多。呈散发性。发病多在春季和秋末,但在 11、12 月份也有发病的。

2. 临床症状 多数羊呈急性经过,当晚不见症状,翌日晨死于圈内。发病缓慢的羊,可见腹部膨大,腹痛,兴奋不安,步态不稳,呼吸困难,咬牙,嚼食泥土或其他异物。侧身卧地,头向后仰,全身肌肉震颤、四肢抽搐痉挛,口吐白沫。腿蹄乱蹬,腹泻,粪便呈深绿色或黑色。一般体温不高,常在昏迷状态中于几小时至 2～3 天内死亡。

3. 剖检病变 肾脏表面充血,实质松软,呈不定型的软泥状。

肝脏肿大、充血、质脆。胆囊胀大 1～3 倍,充满胆汁。全身淋巴结肿大充血。真胃及大、小肠有充血出血,肠黏膜有脱落和溃疡。胸腔和腹腔积有大量的渗出液。心包液增多,心外膜有出血点。

4. 防制措施　疫区每年要定期注射羊肠毒血症、羊快疫、羊猝殂三联疫苗,或羊厌氧菌五联疫苗。对疫群中尚未发病的羊只,可用三联菌苗做紧急预防注射。疫区羊群应避免在低湿草场放牧。由缺草枯草的牧场突然转换至多青草的地方,不要让羊吃得过饱。舍饲羊饲喂精料或多汁饲料时,应适当添喂粗料。发生了本病,应注意尸体处理,更换污染草场和做好消毒工作。消毒药可用 5% 来苏儿。病程较缓慢者,可用磺胺脒每天每只羊灌服 8～16克,第二天原量分 2 次灌服。也可肌内注射青霉素 160 万～240万单位,每天 2 次。

(五)羊 快 疫

羊快疫是羊的一种急性、致死性传染病。病原为腐败梭菌。本病发病突然,病程极短,死亡率高。

1. 流行特点　本病只发生于羊只。绵羊发病较山羊多。一般呈地方性流行,多在早春和秋、冬季节内断续发生。由于该病菌能长期存在于被污染的低洼草场、熟耕地以及沼泽内,因而放牧在这些地方的羊群多先发病。气候骤变,雨雪天,肠道寄生虫的侵袭以及吞食大量冰冻牧草等,是诱发该病的主要因素。

2. 临床症状　发病很突然,病程急剧,死亡很快,常看不到生前症状,故名"快疫"。死亡慢的表现昏迷,拱腰,磨牙或牙关紧闭,呼吸困难,行走时后躯摇摆,腹痛、瘤胃臌胀。排稀便,粪便味臭。体温不高或微热。有时口、鼻及粪便中带有血丝的泡沫或黏液。最后卧地昏迷死亡。

3. 剖检病变　尸体迅速腐败,皮下充血,或有胶样浸润。血凝不良。真胃及十二指肠黏膜充血、出血、水肿,甚至形成溃疡。肠内充满大量气体。肝脏肿大、质脆,呈水煮状。胆囊多胀大,充满胆汁。多数病例腹水带血,肺脏充血。脾脏一般无明显变化。

4. 防制措施 易发本病的地区,每年在发病季节前,注射羊快疫、羊肠毒血症及猝狙三联菌苗或快疫、猝狙混合菌苗或羊快疫、肠毒血症、猝狙、羔羊痢疾、羊黑疫五联菌苗。在发病季节内,将羊群转移到高地干燥草场放牧,避免采食霜冻的牧草。发生了本病,应妥善处理尸体,消毒羊圈舍。对发病较慢的病羊,可试用青霉素,进行肌内注射 160 万~240 万单位/次,每天 2 次。也可口服磺胺嘧啶钠 5~6 克/次,每天 2 次,连用 3~4 天。还可用 5%葡萄糖注射液 500~1 000 毫升、20%磺胺嘧啶钠注射液 30~50 毫升、10%安钠加注射液 5 毫升,混合后静脉输液。

(六)羊猝狙

羊猝狙是羊的一种急性、致死性疾病,常于发病后数小时死亡。病原为 C 型产气荚膜杆菌(魏氏梭菌),也是由于该病菌在肠道中产生毒素而致病的。本病的流行特点、临床症状与羊快疫相似,这两种病常混合发生。本病的诊断主要靠肠内容物毒素的检查和定型,其方法见羊肠毒血症的诊断。预防和治疗同羊快疫和羊肠毒血症。

(七)羊链球菌病

羊链球菌病是羊的一种急性、热性传染病。病原为溶血性链球菌。

1. 流行特点 绵羊、山羊容易感染。流行有明显的季节性,一般在冬季和冬、春之际开始流行。缺草、寒冷、体弱、拥挤易诱发此病。在初发病的地方为流行性,在常发地区有时为散发性。

2. 临床症状 病程短,一般为 2~3 天,最急性者 24 小时内死亡,急性的 2~3 天死亡。病初精神不振,体温高达 41℃左右。眼结膜充血,流泪或有黏性、脓性分泌物。口腔黏膜潮红、流涎,流出浆性、黏脓性鼻液。病情严重时,反刍停止,口流涎并混泡沫。咽喉部肿大。呼吸困难,咳嗽。粪便松软,带有黏液或血液。妊娠母羊多发生流产。

3. 剖检病变 以各脏器、淋巴结出血为特征。鼻、咽喉、气管黏膜出血。肺有水肿、气肿和出血。羊肺肝变坏死并与胸壁粘连。胸、腹腔及心包囊积液。腹腔器官的浆膜面都附有纤维素,用手触拉呈丝状。肝、脾肿大。胆囊显著增大。

4. 防制措施 在常发病的疫区,每年秋后用羊链球菌氢氧化铝甲醛菌苗进行预防注射。大、小羊只一律皮下注射 3 毫升,3 月龄以下的羔羊,2~3 周后再重复注射 1 次,注射后 14~21 天产生免疫力,免疫期半年以上。加强饲养管理,做好夏、秋季节抓膘,冬、春季节保膘工作。发生本病时,尽快隔离病羊,粪便堆积热发酵处理,羊圈舍用 3% 来苏儿或 0.4% 甲醛溶液消毒。在本病流行期间,病羊群要固定草场放牧,未发病的羊群要远离病羊群放牧和饮水。未发病羊只,可提前注射青霉素或抗羊链球菌血清,有良好的预防效果。在发病初期可用青霉素、磺胺噻唑钠或磺胺嘧啶钠等治疗:青霉素每次肌内注射 160 万~240 万单位,每天 2 次,连用 2~3 天,20% 磺胺嘧啶钠注射液 10~20 毫升,肌内注射,每天 2 次,连用 2~3 天。同时应加强饲养管理。

(八)口 蹄 疫

口蹄疫是由口蹄疫病毒引起的,人和偶蹄动物都可感染的急性传染病。尤其是偶蹄动物的一种传播特别快的急性、热性、高度接触性传染病。

1. 流行特点 潜伏期 1 周左右。主要传播源为患病家畜,其次为野生的带毒动物。主要通过消化道感染,也可以通过眼结膜、鼻黏膜,乳头及皮肤伤口感染。主要侵害牛,其次是猪、绵羊、山羊、骆驼等偶蹄动物。单蹄动物不感染。人偶尔也感染。传播很快,呈流行性或大流行性。全年都可发生,但多发生于秋、冬、春季。死亡率一般不高。

2. 临床症状 病初体温升高到 40℃~41℃ 以上,病羊精神不振,食欲减退。病羊的唇内侧、齿龈、舌面、颊部、腭部黏膜和蹄趾间以及乳头皮肤上发生水疱,水疱破裂后形成红色烂斑。病羊口角流出带有泡沫的涎液。蹄部患病羊只,跛行明显,病期长时,趾、蹄冠、蹄踵出现水疱和糜烂。单纯口腔病变的羊,病情较轻,经1~2周即可痊愈。羔羊往往发生无水疱型口蹄疫,而出现胃肠炎症状,表现腹泻。有时表现明显的症状而突然死亡,剖检时可看到急性心肌炎的变化,心肌切面有灰红色或灰白色斑纹,称为“虎斑心”,瘤胃有时可见到溃烂斑痕,真胃呈充血或出血炎症。

3. 防制措施 预防注射,在可能发生口蹄疫流行地区,每年夏、秋季节给羊注射口蹄疫灭活疫苗 2 次,疫苗的毒型要与流行地区的毒型相同,疫苗用量、注射方法及注意事项要严格按疫苗说明书执行。杜绝从疫区购进羊只和畜产品。一旦发病,及时报告,当发生口蹄疫或怀疑为口蹄疫时,应立即向有关部门报告疫情,并逐级上报,及时采取防治措施。隔离病畜,封锁疫区。及时划分疫点、疫区、受威胁区,对疫区进行封锁。被病畜污染的地区,用1%~2%氢氧化钠或 0.4%甲醛溶液严格消毒。最后 1 头病羊死亡或痊愈后 15 天,彻底消毒后,经有关部门批准解除封锁。

(九)羊痘(痘病)

羊痘是由病毒引起的一种热性接触性传染病。其特征为皮肤和黏膜发生丘疹与水疱。

1. 流行特点 绵羊、山羊都可发生,多见于绵羊且危害严重。目前认为绵羊、山羊和人的天花各为不同的病毒类型。主要通过直接接触及呼吸道传播。绵羊的潜伏期为 2~12 天。

2. 临床症状 羔羊较易感染。病羊呈全身症状。发病开始时体温升高达 41℃~42℃,呼吸脉搏加快,眼睑肿胀、结膜潮红,鼻孔有黏液流出,1~2 天后即在眼的周围,唇、颊、鼻翼,阴门、乳房及阴囊、包皮等无毛或毛少处,先发生红斑,随即在红斑中央出现丘疹。渐变成水疱,中央下陷呈脐状,水疱可演变为脓疱,最后形成痂块。有时看不到水疱期。严重病例,可并发肺炎、胃肠炎或败血症。

3. 剖检病变 绵羊痘除可见皮肤、黏膜痘疹外,还可在消化道和内脏表面(尤其是肺)见到呈圆形浅灰色结节,中心如干酪样。胃肠黏膜呈出血性炎症。

4. 防制措施 在可能发生羊痘的疫区,每年应注射羊痘弱毒疫苗1次,用量、用法严格按疫苗说明书执行。一旦发生本病时,立即隔离病畜,封锁疫区。重病羊可屠宰,毛皮用3%石炭酸溶液浸泡消毒24小时才可利用。污染场舍、用具用0.8%甲醛溶液消毒。最后1只羊痊愈后2个月解除封锁。病羊患部可用0.1%高锰酸钾溶液冲洗后涂上碘甘油,还可试用0.1%麝香酒精溶液皮下注射1毫升进行治疗。

(十)羊传染性脓疱口膜炎(羊口疮)

羊口疮主要危害羔羊,以口腔黏膜及嘴唇形成红疹、脓疱、溃烂为特征。病原为一种病毒。

1. 流行特点 羔羊发病多在产羔期间,传染很快,常呈大群流行。大羊多呈长年散发。绵羊、山羊都可感染该病,其他家畜则无自然感染。

2. 临床特征 病变多发生在口唇。轻者,在嘴唇及其周围发生红疹,渐变为脓疱,脓疱融合破裂,变为褐黑色疣状痂皮,痂皮逐渐干裂脱落。重者,在口腔黏膜(唇、颊、舌、齿龈及软硬腭)上产生被红晕包围的水疱,水疱迅速变为脓疱,脓疱破裂形成烂斑,口流发臭浑浊唾液。哺乳病羔的母羊常见乳房上有许多小脓疱。有的病羊蹄部患病,在蹄叉、蹄冠、系部发生脓疱及溃疡。单纯感染本病,体温无明显升高。高死亡率常由于继发败血病所致。本病与口蹄疫、坏死杆菌病、羊痘有区别。

3. 防制措施 杜绝从病区购入羊只。购入的健康羊只,应经隔离检查并对蹄部、体表进行严格消毒后方可进场。在疫区,产羔前后及产羔期间对产羔舍、羊圈及污染场地进行多次消毒。污染的草料要烧毁。羊圈、羊舍、用具可用 2% 氢氧化钠溶液或 10% 石灰乳或 20% 热草木灰水消毒。在患病初期，可用 0.1% 高锰酸钾水冲洗口腔。如已呈现脓疱、溃烂及细菌继发感染时，局部涂擦碘甘油(5% 碘酊加入等量甘油)。最好先用浸蘸 5% 硫酸铜水溶液的棉花，擦掉溃烂面上的污物，再涂上碘甘油。每日或隔日治疗 1 次。同时可使用抗生素或磺胺类药物，以防继发感染。蹄部患病者，除注意蹄部的护理外，可将足端浸于 2% 甲醛溶液中 1～2 分钟，如未愈时，可隔 1 周再浸泡治疗。

(十一)羔羊大肠杆菌病

羔羊大肠杆菌病为普通大肠杆菌及产气杆菌引起的一种急性、致死性传染病。本病的流行特征是幼羔剧烈腹泻和败血症，病羔排出白色稀便，故又称羔羊白痢。

1. 临床特征 在临床上有败血型和肠炎型 2 种。潜伏期数小时至 2 天。

(1)败血型 多发于 2～3 周龄的羔羊。发病迅速，发病后体温升高达 41.5℃～42℃，病羔发生败血症后突然虚脱，精神委靡，呼吸困难，很少发生腹泻。有时出现运步失调，头颈侧弯等神经症状。有时发生胸膜炎和关节炎。多在发病后 4～12 小时死亡。

(2)肠炎型 多发生于出生后 3 天内，也有的在生后 8 天发病的。发病初体温升高到 41℃，以后降至正常。主要症状为腹泻，粪便稀薄，呈泡沫状，发病初粪便呈淡黄色，随着病情的发展继而变为浅灰色或灰白色，最后排出水样含有乳凝块的稀粪便。严重时混有血液，粪便恶臭，失禁自痢。病羔排粪时表现痛苦，全身衰弱，食欲废绝，久卧不起，最后因严重脱水而死亡。即使存活下来，生长发育不良或受阻。

2. 剖检变化 病理变化局限于消化道。剖检时见尸体消瘦，胃肠充满汁样的内容物，真胃及肠道黏膜充血发炎，有出血点。肠系膜淋巴结肿大,有散在的出血点。急性死亡者,内脏器官充血,且有多数淤血点。

3. 防制措施　加强母羊妊娠期的饲养管理,保证饲料中各种营养物质的供给,满足胎儿的生长发育,产出健壮羔羊。采用磺胺类药物和抗生素进行治疗。对重症羔羊应用强心剂、补液、解毒等对症疗法。

二、常见寄生虫病

(一)羊肝片吸虫病

羊肝片吸虫病(肝蛭病)是由羊肝片吸虫及巨片吸虫的成虫寄生于羊肝脏胆管内,引起慢性或急性肝炎和胆管炎。

1. 流行特点　本病常表现为区域性分布,易引起牛、羊大批死亡,对畜牧业危害较大。流行特点常为地方性流行。流行季节根据各地的气候条件而有不同,在北方地区一般多在秋季感染,秋末及冬季发病较多,在南方地区,则要早些。

2. 临床特征　体况较好的羊轻微或中等感染时,一般不表现症状。严重感染时可引起发病,发病者分急性型与慢性型2种。

(1)急性型　在短期内受到严重感染所致。病初有轻度的发热,病羊迟钝,羊放牧时离群落后,舍饲羊食欲不佳。腹痛,消化不良,腹泻。贫血、黏膜苍白,肝部有压痛,几日内死亡。粪检时查不到虫卵。

(2)慢性型　表现为贫血,结膜与口腔黏膜苍白。颌下、胸部及腹下出现水肿。病羊精神不振,食欲减退,体态消瘦。便秘、腹泻交替发生,病情日渐恶化,经1~2个月因极度衰弱而死。个别拖至翌年春季天暖时逐渐恢复。

3. 剖检病变　急性型在肝实质内可找到幼小虫体,肝脏有急性炎症病变。慢性型的肝脏胆囊管扩张,管壁增厚。

4. 防治措施　在常发病地区,每年春、秋两季定期进行预防性驱虫。即在秋末冬初和春季最好。避免在沼泽地放牧,或采取轮换牧场放牧的方法防止感染。羊粪便要进行生物热发酵处理,消灭中间宿主螺蛳。用硝氯酚、丙硫苯咪唑、三氯苯唑(肝蛭净)、四氯化碳、六氯乙烷、硫双二氯酚、硫溴酚或六氯对二甲苯等药物治疗。硝氯酚每千克体重 4～5 毫克/次;丙硫苯咪唑每千克体重 18 毫克/次。三氯苯唑,每千克体重 10 毫克/次。其他药物用量按说明书执行。

(二)羊脑多头蚴病

羊脑多头蚴病是由多头绦虫的幼虫——多头蚴(或称脑包虫),寄生于羊的脑内引起的一种绦虫蚴病。又称脑包虫病。

1. 临床症状 病羊由于多头蚴在脑内寄生引起脑部炎症。病羊烦躁不安,呈现明显的转圈等神经症状,对周围环境刺激,没有明显反应,病羊常出现体温升高,脉搏和呼吸加快。重者 3～4 天死亡。急性耐过后转为慢性,上述症状不再出现。经过 2 个多月后,病羊体况显著消瘦,卧地不起或站立不动,常用前额抵于障碍物上,精神沉郁,食欲废绝。行走时身体失去平衡,并出现周期性转圈运动。也有的出现痉挛和失明。病的后期,寄生相应部位的骨质松软,甚至穿孔。病羊常因极度消瘦而死亡。

2. 剖检病变 剖检时在病羊脑部可发现 1 个或多个多头蚴的囊泡。寄生部位周围有渗出性或增生性炎症变化,相应部位的颅骨变软穿孔。虫体死亡时则萎缩钙化。

3. 防制措施 对病羊的脑和脊髓要深埋,最好焚烧。以防犬、狐吃后传播病原。对看护犬每季度用吡喹酮或氢溴酸槟榔碱进行驱虫,吡喹酮每千克体重 5～10 毫克/次口服;氢溴酸槟榔碱每千克体重1.5～2 毫克/次口服。手术摘除。在多头蚴充分发育后,在确定寄生部位处进行手术摘除。其方法是:在羊头顶部触摸软处局部剃毛、消毒,将皮肤做"U"形切口,小心打开术部颅骨,先用注射器吸取囊液,再轻轻拉出蚴虫囊体。然后对正缝合伤口。

为了避免发生炎症,在术后 3 天内连续注射青霉素。也可不切开,用注射针头刺入囊内抽出囊液。再注入 95％酒精 1 毫升。

(三)螨病(疥癣)

螨病是由各种螨(俗称疥癣虫)和痒螨寄生在羊皮肤表面或皮内引起的接触性慢性皮肤病。俗名"癞"、"瘙"、"疥疮或疥癣"。

1. 流行特点　本病具有高度传染性,在秋、冬季节蔓延最广,尤其是下雨天,动物体上的疥癣虫在黑暗的畜舍中非常活跃,繁殖旺盛,容易蔓延。到冬季则发展到最高峰。

2. 临床症状　主要表现为发痒、皮肤炎、脱毛、消瘦等。绵羊疥癣主要侵害被毛厚密部位,一般先在臀部和背部发生,然后向体侧面及沿背线蔓延。病羊奇痒不安,寻找圈墙、围栏、饲槽等处摩擦患部,羊毛固着于痂皮上,最后脱落,呈秃斑。

3. 防制措施　药浴疗法,是综合抗螨措施中主要防治方法之一。滩羊每年在剪春毛和夏毛后进行药浴 2 次。既可治疗病羊,又可预防健康羊发病。涂药疗法,是在治疗螨病前,先清除病羊身上的污物和表面的痂皮,然后剪去有病部位和健康部位附近的毛,涂上半液体的软肥皂,翌日再用温水洗净,并刮去软化了的痂皮,待干燥后进行治疗。在治疗时对广泛感染的部分要分区、分次涂擦药物,用药后如发现皮肤炎,应立即用温肥皂水洗去药物,涂上油类并采取对症疗法。定期检疫羊群,定期进行预防处理。购买羊只时要经过仔细的螨病检查,运入后须进行隔离观察并做预防处理,才可混入健康羊群。保持羊圈、羊舍的干燥、通风。对污染的圈舍可用 20％石灰乳做杀虫处理。

(四)羊鼻蝇幼虫病

羊鼻蝇幼虫病是由羊鼻蝇的幼虫寄生在羊的鼻腔和与其相通的腔窦内所引起的一种慢性寄生虫病。主要表现为鼻黏膜发炎,流脓性鼻液,打喷嚏,呼吸困难等。

1. 临床症状　病羊不安和慢性鼻炎。病羊表现摇头、奔跑、低头以鼻端靠近地面，或将头伸藏在其他羊只的腹下。扰乱羊只采食。幼虫在鼻腔和额窦内移动时，刺激黏膜发炎、肿胀以至出血，可见到从鼻孔流出浆性、黏性、脓性或混血的分泌物，在鼻孔周围结成痂块，堵塞鼻孔，造成呼吸困难。病羊眼睑水肿，常常表现狂躁不安、踢蹄摇头、以鼻端擦地等现象。有的幼虫进入脑内，病羊出现神经症状，表现共济失调，头颈侧弯或转圈。

2. 防制措施　用3％来苏儿溶液或3％二甲苯酚肥皂溶液喷射鼻腔。用敌百虫，按每千克体重0.1克配成50％溶液，颈部皮下注射，有驱除羊鼻蝇幼虫的作用。在羊鼻蝇飞翔季节，用软膏涂在羊的鼻部和鼻孔，每周1次，可驱赶成虫或杀死所产幼虫。

三、常见普通病

(一)前胃弛缓

前胃弛缓是由于前胃运动功能减弱、导致消化紊乱的慢性疾病。主要为瘤胃积食拖延时间过长，以至瘤胃失掉收缩能力；也有的是由于长期饲喂单一饲料，或者在饲喂难消化的多纤维饲料后没有给予足够的饮水，因而引起本病的发生。

1. 临床症状　食欲减退或废绝，反刍缓慢或停止。瘤胃蠕动减弱或蠕动次数减少。体况逐渐消瘦，被毛松乱，食欲、饮水减少或停止。经常出现慢性间歇性嗳气，多见于食后。有时胃内充满粥样或半液体状内容物，触诊瘤胃不很坚硬。先便秘，后腹泻，或便秘、腹泻交替发生，便秘时粪球小，色黑而干；腹泻时量小而软，有时还混有未消化的饲料颗粒。

2. 治疗方法　①先停食1～2天，只饮水，再饲喂少量品质良好、容易消化的青绿或多汁饲料。②加强瘤胃收缩，可内服酒石酸锑钾，或皮下注射氨甲酰胆碱等。③制止胃肠的异常发酵，可内服40％甲醛溶液10～15毫升，或鱼石脂10～15克加于500～1 000毫升温水中服用等。④缓泻、止泻。在瘤胃内容物过多、粪便干硬时投服泻剂、制酵剂和促消化药,成年羊用硫酸钠 20～30 克、鱼石脂 5 克、酒精 10 毫升,一次灌服。⑤健胃助消化。可内服人工盐、龙胆、番木鳖等适量配合。⑥兴奋瘤胃。静脉注射 10％氯化钠注射液 50～100 毫升、5％氯化钙注射液 20～30 毫升、10％安钠加注射液 5～10 毫升。

(二)瘤胃积食

瘤胃积食是瘤胃被干燥的饲料胀满,而使容积扩大,胃壁过度伸张的一种疾病。主要是在饥饿后,采食过多的容易膨胀的干饲料(如大豆、豌豆、麦麸、玉米等)而引起,如果食后又给予大量饮水更容易诱发。舍饲比放牧羊易发病。也有因畜体消瘦,消化力不强,采食大量饲料而又饮水不足,因而发病。此外,瘤胃弛缓、瓣胃阻塞、创伤性网胃炎、真胃炎等,也可继发。

1. 临床症状　病羊食欲、饮水、反刍、嗳气减少或停止,排粪干少或停止排粪;有时出现腹痛不安,后肢蹭踢腹部,摇尾拱背,回头看腹,粪便干黑难下。左侧腹部膨大,触诊瘤胃胀满、坚实,按压时疼痛,重压可成坑,压痕恢复慢,听诊瘤胃蠕动音减弱或大多消失。严重者表现呼吸急促,黏膜发绀,全身症状加剧。

2. 治疗方法　消积化滞,健脾开胃。泻下制酵,恢复瘤胃功能。

①首先加强护理,停食 1～2 天。②排出瘤胃积滞:硫酸镁、硫酸钠、或人工盐各 50 克,溶于大量水中一次灌服。较轻者也可用液状石蜡 100～200 毫升灌服。③增强瘤胃蠕动:用酒石酸锑钾 8～10 克,加大量水灌服,1 次/日,连续 2～3 天。灌服泻剂 6～8 小时后,可皮下注射氨甲酰胆碱注射液 1～1.5 毫克。必要时,经过 6～8 小时后,再注射 1 次。④静脉注射促反刍液,在瘤胃尚有蠕动时皮下注射硫酸新斯的明注射液 2～6 毫升(妊娠母羊禁用)。⑤病期较久,可静脉注射 10％氯化钠注射液 250～500 毫升。病重者,要强心、补液、缓解酸中毒,用 5％葡萄糖注射液 200～300

毫升、5％碳酸氢钠注射液 100 毫升、10％安钠咖注射液 5～10 毫升,一次静脉注射。⑥阻塞过大、治疗效果不好的,可行瘤胃切开术,取出胃内食物。

(三)瘤胃臌气

羊瘤胃臌气常见于绵羊,多在春、夏季吃青草的时期发生,尤其是放牧在茂盛的草地,或吃了露水草等,最易致病。

1. 临床症状 放牧中忽然左腹急剧胀大,叩诊呈鼓音,按压后不留压痕;听诊瘤胃蠕动音消失。病羊腹痛不安,嗳气很快停止。呼吸急促,甚至张口呼吸。可视黏膜呈紫红色。颈静脉怒张,随即出现站立不稳,不久倒地,呻吟,痉挛,最后窒息而死。

2. 治疗方法 排气、泻下、制酵、恢复瘤胃功能。

病情严重者,排出气体。立即用针或大号针头(16 号针头)在左肷部穿刺瘤胃,进行放气。穿刺部位要剪毛消毒,放气要缓慢。放气后,从放气针头向瘤胃内注入鱼石脂、酒精或来苏儿等防腐制酵药;紧急时,也可经鼻腔插入胃管进行放气;放气后,同样经胃管投入泻剂和止酵剂。病情轻者,止酵防胀。可立即一次灌服:来苏儿 2～5 毫升,或 40％甲醛溶液 1～3 毫升,或鱼石脂 2～6 克,均加水 200～400 毫升。也可用芳香氨醑 45 毫升、松节油 45 毫升、植物油 800 毫升,混合后,每只羊每次灌服 60 毫升,必要时,于 15 分钟后重复 1 次。

泻下、排积食。灌服液状石蜡 100 毫升,或硫酸镁 50 克,以促进排出瘤胃内容物。露水未干前或雨后不要立即放牧。尤其是由舍饲转为放牧后的头 1 周更要注意。

(四)胃 肠 炎

胃肠炎是胃和肠道黏膜及其深层组织严重的急性发炎,通常二者同时发生,只侵害胃或肠道的极少。发病的主要原因是:饲养失宜,草料霉败,寒夜露宿,风寒感冒,维生素 A 缺乏等。

1. 临床症状 发病初期,病羊前胃蠕动弛缓,消化功能紊乱。

病羊食欲不振,有时不吃,反刍停止,消化不良,精神不振,贪饮或不饮,口腔干燥、发红,可视黏膜潮红,体温升高,脉搏、呼吸加快;病羊腹痛不安,病羊消瘦,眼窝下陷、皮肤干燥,被毛松乱。病羊持续性地排出稀便或水样粪便,甚至失禁自痢,肛门周围和羊尾黏附有大量稀粪,粪便中常有血液、脓液或脱落肠黏膜,腥臭难闻。病重者,多因脱水严重而极度消瘦,最后抽搐死亡。

2. 治疗方法　消炎杀菌,清理胃肠,保护黏膜,止泻、补液,恢复胃肠功能。

①加强护理。停食 1~2 天,以后给少量品质优良、容易消化的青草或多汁饲料。

②消炎杀菌。肌内注射青霉素 160 万~240 万单位和链霉素 50 万~100 万单位,2~3 次/日,连续 5~6 天。最好同时口服金霉素、土霉素、合霉素,2 次/日;也可用庆大霉素 10 万~20 万单位,肌内注射,2 次/日;恩诺沙星或诺氟沙星,每千克体重 10~20 毫克,肌内注射,2 次/日;肌内注射或口服痢菌净,每千克体重 2.5~5 毫克,2 次/日。

③清理胃肠。腹泻较轻、粪便恶臭的病羊,可用人工盐 10~30 克、液状石蜡 30~80 毫升,一次灌服。也可用硫酸钠或硫酸镁 30~50 克、鱼石脂 5 克、陈皮酊 10 毫升,一次灌服。

④保护黏膜。用活性炭 10~15 克、萨罗 1.5~2.5 克、次硝酸铋 4~8 克,混合加温水,一次灌服;或活性炭 10~15 克、次硝酸铋 3 克、鞣酸蛋白 2 克、诺氟沙星 0.05~0.1 克,混合加温水,一次灌服。

⑤止泻、补液。静脉滴注 5%~10%葡萄糖氯化钠或复方氯化钠注射液 500~1 000 毫升、安钠咖注射液 4~10 毫升、维生素 C 注射液 0.5 克,1 次/日,连续 3 天。

(五)尿 结 石

尿结石多发生在公羊,母羊少见。这与公羊的尿道解剖构造有密切关系:公羊的尿道位于阴茎中间,很细、很长,而且有"S"状弯曲和尿道突,结石很容易停留在这细长的尿道中,尤其是更容易被阻挡在"S"弯曲部或尿道突内。且舍饲羊发病率比放牧羊高。

1. 临床症状　发病初期公羊性欲减退,精神委顿,食欲减少。头抵墙壁。体温略升高,小便失禁,尿液呈点滴下流,包皮肿胀。随后阴茎根部发炎肿胀,随时做排尿动作,不断发出呻吟声,不时起卧。有时双膝跪地,有时回头看腰腹部,甚至用角抵腰腹部。病羊行走十分困难,强迫行走时,后肢勉强做短步移动。有的病羊日久失治,可发现腹下水肿,多为尿道破裂;如两侧腹部显著增大,内积体液,多为膀胱破裂。穿刺后可发现尿液。

2. 剖检病变　肾脏及输尿管肿大、充血,甚至出血。膀胱因积尿而膨大,剖开时见有大小不等的颗粒状结石,黏膜上有出血点。尿道起端及膀胱颈被结石堵塞,其他内脏无变化。

3. 防治方法　①平常羊只饮水要充足;饲草要优质,富含维生素和矿物质。精料要多样化,避免单一饲喂玉米粒,同时要注意日粮的钙磷平衡,避免钙过多导致钙磷比例失调。②发现病羊的场、户,要注意调整日粮结构,查找原因,分析日粮各种营养成分含量和矿物质之间的比例。③为防止继发感染注射抗生素。发生尿道结石而尿液不通时,可以割去阴茎末端的尿道突。找到结石部位,用手向前推压。

(六)急性支气管炎

急性支气管炎是支气管黏膜的表层或深层的急性炎症。主要诱因是气候不正常,冷热不和,引起感冒,因而发病。本病在初春、深秋和冬季及气候易变季节发病较多。

1. 临床症状　病羊主要表现咳嗽。发病初期,病羊出现显著的干咳,咳嗽连声而痛苦,咳嗽时垂头伸颈;3～4天后,咳嗽转为湿性而延长,痛苦也略减轻。鼻孔流出黏性、后呈黏脓性的鼻液。病初听诊肺部时,可听到肺泡呼吸音粗粝,以后当渗出物较多时,可出现湿啰音。

2. 治疗方法 消炎、止咳、清肺、祛痰。

①加强饲养管理，预防感冒。羊圈、羊舍要暖和、空气流通。

②控制感染。用磺胺噻唑或磺胺嘧啶，用量为每千克体重0.1克/日，分3次内服，首次剂量加倍，连服3～5天，服用时要和等量的碳酸氢钠同服。

③消除炎症。肌内注射青霉素80万～160万单位、链霉素0.5克，2次/日；或肌内注射10%磺胺嘧啶钠或20%复方新诺明，每千克体重70毫克，2次/日；四环素0.25～0.5克，溶于5%葡萄糖注射液500毫升中，静脉注射。

④镇咳祛痰。颠茄流浸膏30毫升、酒石酸锑钾16克、糖浆500毫升混合，1次2～3毫升，每日2～3次内服；灌服杏仁水2毫升，或复方甘草合剂10～20毫升，也可用伤风糖浆10毫升。

(七)支气管肺炎

支气管肺炎是个别小叶或小叶群的肺泡及与其相连接的细支气管的炎症，一般为由于支气管炎的蔓延所引起。因此，发病原因和支气管炎基本相同。本病常有细菌感染，多发生在秋、冬两季。

1. 临床症状 病初表现急性支气管炎的症状。随病情加重，体温升高至40℃以上，呈弛张热型。病羊呼吸急促，咳嗽为阵发性，病重时由粗大转为低沉，呈腹式呼吸。精神不振，食欲锐减甚至废绝，反刍减少或停止。鼻液增多，病初流清鼻液，随后流出灰白色黏脓性鼻液，常黏附在鼻、唇部；听诊肺部时，肺泡呼吸音减弱，发病初期有湿性啰音，病重者可出现支气管呼吸音。叩诊肺部可发现病区呈不规则的局限浊音区。

2. 治疗方法 加强管理，预防感冒，控制感染，止咳祛痰。

①加强饲养管理，预防感冒。羊圈舍要保暖防寒，保证秋、冬季节羊只不受风寒冷冻侵袭，避免因感冒而引起肺炎。

②控制感染：肌内注射青霉素160万～240万单位和链霉素

50 万～100 万单位,2 次/日,连续 7～10 天。其他方法与支气管炎相同。

③止咳祛痰:用复方甘草合剂 10～30 毫升或甘草片 4～6 片、咳必清 0.05～0.1 克、克咳敏 5～10 毫克,或氯化铵 0.2 克,混合灌服。

④强心剂和退热剂:强心可肌内注射樟脑油或安钠咖注射液。退热可肌内注射复方氨基比林注射液,或内服水杨酸钠。

(八)羔羊白肌病

羔羊白肌病主要是由于维生素 E 和微量元素硒缺乏引起。尤其对 2～6 周龄的羔羊危害较大,死亡率高达 40%～70%。

本病多为地方性,以寒冷地区较多。在初春青绿饲料缺乏时最易发病,舍饲母羊缺乏维生素 E 时,产下的羔羊更易发生本病。

1. 临床症状 本病最明显的临床表现为运动障碍和心力衰竭。急性型:即急性心肌营养不良。病羔在放牧或运动中突然死亡,死前无任何临床症状。亚急性型:病羔食欲减退,常出现腹泻,跛行,行动无力或困难,站立不稳或不能站立,卧地不起或站立困难。若强迫起来行走,则四肢肌肉痉挛有疼痛感,后躯摇摆,步态僵硬,关节不能伸直。心跳极快 100～140 次/分,心率失常。触诊四肢和背腰部肌肉时,可感到硬而肿胀并能引起痛感。

2. 剖检病变 主要在骨骼肌、膈肌和心肌上局部肌肉变为苍白色或有灰白色条纹和斑块,病肌肿胀、变性。

3. 治疗方法 ①发现病羔后,应立即肌内注射 0.1%亚硒酸钠维生素 E 注射液,10 日龄以内羔羊 2 毫升/次,10 日龄以上羔羊 4 毫升/次,连续注射 3～4 天。首次用药剂量可大些,以后按正常量注射,直至痊愈为止。②在分娩前母羊皮下注射一次亚硒酸钠(每 50 千克体重用 2 毫克)可以预防。但要注意用量不可过大,以免中毒。同时,还要注意发生过敏反应现象。

(九)有机磷中毒

有机磷中毒是羊只误食、皮肤接触和吸入有机磷农药、兽药等引起的中毒性疾病。如采食刚喷洒过农药的农作物或饲草、舐食未经洗净的农药用具,喝了被农药污染的水等。都会造成羊只中毒。

1. 临床症状 羊只中毒后,表现狂躁不安、突然跳跃,顶撞墙壁等症状,肌肉颤抖,嘴内流涎,眼流泪,咬牙,瞳孔收缩,眼球颤动,反刍停止,食欲废绝。严重者腹泻,心跳加快达 100 次/分以上,呼吸困难,体温变化不大,严重时,步态不稳,失去平衡,共济失调,以至卧地不起,最后窒息死亡。

2. 剖检病变 胃肠黏膜呈暗红色,肿胀,上皮易脱落或有坏死、出血斑。肝脏及脾脏肿大。肾脏肿胀,包膜不易剥离,切面呈浅红褐色,界限不清。肠系膜淋巴结出血。肺充血、出血,支气管内有白色泡沫。心内膜有白色斑点或点状出血。

3. 治疗方法 ①经接触使皮肤中毒者,立即用清水洗净即可。②误食被农药污染饲草中毒者,尽快大量灌服清水或浓盐水,使其呕吐,或用肥皂水洗胃。同时,皮下注射硫酸阿托品 0.005～0.01 克,中毒严重者,阿托品可加大 2～3 倍剂量一次注射,注射后如症状仍不减轻,过 1 小时左右再进行注射,直到症状减轻为止。③也可静脉注射葡萄糖、复方氯化钠及维生素 B_1、维生素 B_2、维生素 C 等。④可灌服盐类泻剂,清除胃内容物。或灌服硫酸钠或硫酸镁 30～50 毫克,加大量水溶解后灌服。

参考文献

[1] 沈长江.滩羊生态与生产[C].中国羔皮羊、裘皮羊研究会第一次学术会论文集.

[2] 尹长安,等.滩羊二毛期羊毛品质与裘皮质量的遗传相关分析[C].中国羔皮羊、裘皮羊研究会第一次学术会论文集.

[3] 沈长江,等.关于滩羊的生态遗传与育种问题[G].滩羊中卫山羊科技资料汇编.四省(区)滩羊选育协作组,1983年3月.

[4] 宁夏滩羊生态地理特征及其进一步发展问题[G].滩羊中卫山羊科技资料汇编.四省(区)滩羊选育协作组,1983年3月.

[5] 王殿才,等.阿拉善左旗滩羊调查报告[G].滩羊中卫山羊科技资料汇编.四省(区)滩羊选育协作组,1983年3月.

[6] 杨生龙,等.滩羊本品种选育初步效果[G].滩羊中卫山羊科技资料汇编.四省(区)滩羊选育协作组,1983年3月.

[7] 马振中.滩羊本品种选育初报[G].滩羊中卫山羊科技资料汇编.四省(区)滩羊选育协作组,1983年3月.

[8] 崔重九,等.滩羊裘皮花穗遗传规律的研究[G].滩羊中卫山羊科技资料汇编.四省(区)滩羊选育协作组,1983年3月.

[9] 杨生龙,等.暖泉农场滩羊与外地滩羊对比调查报告[G].滩羊中卫山羊科技资料汇编.四省(区)滩羊选育协作组,1983年3月.

[10] 杨生龙,等.对滩羊妊娠母羊不同阶段的补饲观察其羔羊二毛品质的变化试验[G].滩羊中卫山羊科技资料汇编.四

省(区)滩羊选育协作组,1983 年 3 月.

[11] 杨生龙.关于滩羊主要经济性状选择方法的商榷 [G].滩羊中卫山羊科技资料汇编.四省(区)滩羊选育协作组, 1983 年 3 月.

[12] 盐池草原试验站.滩羊不同年龄育肥能力的测定 [G].滩羊中卫山羊科技资料汇编.四省(区)滩羊选育协作组, 1983 年 3 月.

[13] 宁夏农学院畜牧系.滩羊肥育试验[G].滩羊中卫山 羊科技资料汇编.四省(区)滩羊选育协作组,1983 年 3 月.

[14] 杨生龙,等.当年滩羊羔羊育肥效果[G].滩羊中卫山 羊科技资料汇编.四省(区)滩羊选育协作组,1983 年 3 月.

[15] 王晞暐,等.宁夏滩羊十三项生理常值初步测定[G]. 滩羊中卫山羊科技资料汇编.四省(区)滩羊选育协作组,1983 年 3 月.

[16] 薛忠义,等.滩羊精液冷冻技术的研究[G].滩羊中卫 山羊科技资料汇编.四省(区)滩羊选育协作组,1983 年 3 月.

[17] 内蒙古自治区家畜改良站.内蒙古自治区滩羊生产和 选育情况[G].滩羊中卫山羊科技资料汇编.四省(区)滩羊选育 协作组,1984 年 9 月.

[18] 陕西省定边县畜牧局.陕西省定边县滩羊现状[G]. 滩羊中卫山羊科技资料汇编.四省(区)滩羊选育协作组,1984 年 9 月.

[19] 甘肃省环县畜牧局.关于滩羊生产情况和今后意见 [G].滩羊中卫山羊科技资料汇编.四省(区)滩羊选育协作组, 1984 年 9 月.

[20] 许百善,等.冬春季舍饲对滩母羊生产性能的影响 [G].滩羊中卫山羊科技资料汇编.四省(区)滩羊选育协作组, 1984 年 9 月.

［21］ 王宁,等.滩羊"三高一快"试验总结[G].滩羊中卫山羊科技资料汇编.四省(区)滩羊选育协作组,1984年9月.

［22］ 赵志斌,等.乏瘦滩羊的舍饲育肥试验[G].滩羊中卫山羊科技资料汇编.四省(区)滩羊选育协作组,1984年9月.

［23］ 杨生龙,等.滩羊泌乳性能测定简报[G].滩羊中卫山羊科技资料汇编.四省(区)滩羊选育协作组,1984年9月.

［24］ 许百善.滩羊来源考[G].滩羊中卫山羊科技资料汇编.四省(区)滩羊选育协作组,1984年9月.

［25］ 文奋武,等.滩羊生态及选育方法的研究(一)[C].中国畜牧兽医学会羔裘皮羊研究会第二次学术讨论会论文集.1986年9月.

［26］ 胡自治,等.滩羊生态及选育方法的研究(二)[C].中国畜牧兽医学会羔裘皮羊研究会第二次学术讨论会论文集.1986年9月.

［27］ 文奋武,等.滩羊生态及选育方法的研究(三)[C].中国畜牧兽医学会羔裘皮羊研究会第二次学术讨论会论文集.1986年9月.

［28］ 文奋武,等.滩羊生态及选育方法的研究(四)[C].中国畜牧兽医学会羔裘皮羊研究会第二次学术讨论会论文集.1986年9月.

［29］ 张东弧.滩羊毛用品质的观察报告[C].中国畜牧兽医学会羔裘皮羊研究会第二次学术讨论会论文集.1986年9月.

［30］ 孙占鹏,常青竹.舍饲养羊存在的问题与对策[J].中国草食动物,2005,专辑:8～9.

［31］ 宗泽君,等.舍饲绒山羊断乳前后羔羊死亡病因调查及防制研究[J].中国草食动物,2005,专辑:168-169.

［32］ 穆秀梅,等.舍饲养羊要点浅谈[J].中国草食动物,2005,专辑:134-135.

［33］　张维灵．舍饲养羊技术措施［J］．中国草食动物，2006，专辑：240-241．

［34］　孙占鹏，等．宁夏农牧场舍饲养羊经济效益分析［J］．中国草食动物，2006，专辑：228．

［35］　王耀富，等．农区舍饲肉用羊饲养模式的研究［J］．中国草食动物，2006，专辑：216-218．

［36］　张作仁，熊金洲，等．马头山羊舍饲圈养的关键技术及效益分析［J］．中国草食动物，2006．

［37］　达文政，等．萨福克羊养殖与杂交利用．北京：金盾出版社，2004-06．

［38］　甘肃省兰州兽医研究所．兽医手册．1972-06．专辑：209-210．